装配式装修设计施工与验收技术详解

济南市城乡建设发展服务中心
山东省建筑科学研究院有限公司 　组织编写

中国建设科技出版社有限责任公司
China Construction Science and Technology Press Co., Ltd.
北　京

图书在版编目（CIP）数据

装配式装修设计施工与验收技术详解/济南市城乡建设发展服务中心，山东省建筑科学研究院有限公司组织编写．--北京：中国建设科技出版社有限责任公司，2025.6．-- ISBN 978-7-5160-4492-6

Ⅰ.TU767

中国国家版本馆CIP数据核字第20253ED497号

装配式装修设计施工与验收技术详解
ZHUANGPEISHI ZHUANGXIU SHEJI SHIGONG YU YANSHOU JISHU XIANGJIE
济南市城乡建设发展服务中心
山东省建筑科学研究院有限公司　组织编写

出版发行：中国建设科技出版社有限责任公司
地　　址：北京市西城区白纸坊东街2号院6号楼
邮　　编：100054
经　　销：全国各地新华书店
印　　刷：北京联兴盛业印刷股份有限公司
开　　本：787mm×1092mm　1/16
印　　张：8.5
字　　数：200千字
版　　次：2025年6月第1版
印　　次：2025年6月第1次
定　　价：**79.00元**

本社网址：www.jskjcbs.com，微信公众号：zgjskjcbs
请选用正版图书，采购、销售盗版图书属违法行为
版权专有，盗版必究。本社法律顾问：北京天驰君泰律师事务所，张杰律师
举报信箱：zhangjie@tiantailaw.com　　举报电话：（010）63567684
本书如有印装质量问题，由我社事业发展中心负责调换，联系电话：（010）63567692

本书编委会

主　　　编：崔士起　亓树文

副 主 编：刘传卿　蒋　波　林　华　刘文政

参　　　编：刘小军　刘文健　曲崇杰　张学辉　王　玉
　　　　　　徐江宏　高玉东　孔　昕　崔怀予　王　倩
　　　　　　李西安　刘素华　李晓鹏　杨　桐　张春良
　　　　　　张一帆　任秀丽　石　磊　张晓琳　尚延玲
　　　　　　朱从茂　亓兴华

主编单位：济南市城乡建设发展服务中心
　　　　　　山东省建筑科学研究院有限公司

参编单位：北京和能人居科技有限公司
　　　　　　中建八局建筑科技（山东）有限公司
　　　　　　山东信诺新型节能材料有限公司
　　　　　　山东丞华建材科技有限公司
　　　　　　山东旭新建筑科技有限公司
　　　　　　芜湖科逸住宅设备有限公司

前言

发展新型工业化是推动经济转型升级、实现高质量发展的重要战略选择。其核心在于以科技创新为引领，深度融合新一代信息技术与制造业，构建智能化、绿色化、融合化的现代产业体系。这一转型不仅能够提升传统产业的生产效率和产品附加值，更能催生新业态新模式，为经济增长注入新动能。通过工业互联网、人工智能、大数据等技术的深度应用，新型工业化将重构生产流程，实现精准制造和柔性生产，推动产业链向高端延伸。同时，绿色低碳技术的普及应用有助于降低单位GDP能耗，减少污染物排放，有效解决传统工业化带来的环境问题，促进人与自然和谐共生。从国际竞争角度看，新型工业化是抢占全球产业链制高点的关键路径，通过培育战略性新兴产业和未来产业，增强产业体系抗风险能力，提升中国在全球价值链中的位势。对于社会发展而言，新型工业化还能带动就业结构优化，催生高技能岗位需求，推动产教融合与人才升级，为共同富裕提供产业支撑。在数字经济与实体经济深度融合的背景下，新型工业化正成为构建现代化经济体系的核心引擎，对于实现中国式现代化具有决定性意义。

住房城乡建设部发布的"十四五"建筑业发展规划等文件明确指出，要构建装配式建筑标准化设计和生产体系，推动装配式装修的发展，并加大了对标准化构件和部品部件的使用规模，旨在提高装配式建筑的综合效益。

装配式装修研究是推动建筑行业转型升级、实现绿色可持续发展的重要突破口，其核心在于其工业化生产模式和装配化施工方式。通过标准化设计、工厂化生产与模块化安装，显著提升施工效率并降低资源浪费。装配式技术颠覆传统现场湿作业模式，可将装修工期缩短30%~50%，减少80%以上的建筑垃圾，有效破解传统装修中能耗高、污染重、质量不稳定的行业痛点。在"双碳"目标驱动下，其采用的环保材料与可拆卸循环结构设计，能够降低全生命周期碳排放，助力绿色建筑规模化发展。同时该模式通过数字化设计与智能建造深度融合，推动装修产业向工业化、信息化方向升级，催生新型供应链体系和专业化技术工人队伍。研究装配式装修还能促进建筑与家居产业协同创新，为智慧住宅、健康人居等新兴场景提供技术支撑，满足新型城镇化进程中个性化、高品质的居住需求，对构建现代建筑产业体系具有重大意义。

装配式装修作为装修建造方式的技术进步，打破了传统装修思维，打通了集成化部品为核心、一体化设计为前提、精益化智造为根本、装配化施工为关键、轻量化维保为增值的装配式装修全产业链，实现了去环节、去手艺、去污染、去浪费的新型建造方式，促进传统装修产业升级。

本书依托"济南市装配式装修研究"成果，系统构建装配式装修全产业链技术体系，通过模数化设计解决部品标准化难题，依托九大系统集成技术实现施工组织优化，结合质量验收评价体系保障人居环境品质。研究成果既是对《国家新型城镇化规划（2021—2035年）》中"推进新型城市基础设施建设"要求的实践响应，也为落实《关于加快新型建筑工业化发展的若干意见》中"推广装配化装修方式"提供了技术支撑。书中创新提出的评价方法体系，更与生态环境分区管控、能效碳排放约束性标准等国家监管机制形成技术闭环。

本书从对部品的构造分析到设计、生产、施工、验收、维护和评价全产业链的角度深度剖析装配式装修，并结合工程案例进行应用解读。全书由16章组成，主要内容如下。

第1章 概述。本章从传统装修与装配式装修的比较来看，装配式装修的优势更为明显。国际经验表明，先进国家的装修同步于建筑结构的产业化发展，我国发展装配式装修不仅有利于提高建筑品质，解决建筑业用工难问题，而且对于缓解环境压力，实现建筑业现代化发展具有重要意义。

第2章 模数协调、集成设计与优先尺寸。本章依据现行国家标准《建筑模数协调标准》GB/T 50002—2013，遵循以人为本、建筑全寿命期可持续性的原则，确定装配式装修部品模数。根据系统工程特点，提出了装配式装修一体化设计、干式工法、管线与结构分离、标准化与通用化、部分集成化、可逆化和多场景适应性的集成设计理念。统筹不同专业、不同系统的技术要求，协调系统与系统之间、系统内部、部品部件之间的连接进行一体化集成设计，并满足设计、生产、供应、安装、运维不同阶段的需求。

第3章 装配式隔墙应用技术详解。本章提出了装配式隔墙的设计要求，并列出了龙骨隔墙、条板隔墙和模块化隔墙的部品构成、连接构造和应用场景。

第4章 装配式墙面应用技术详解。本章提出了装配式墙面的设计要求，并列出了五种自饰面墙板及其连接构造和应用场景。

第5章 装配式吊顶应用技术详解。本章提出了装配式吊顶的设计要求，并列出了五种不同饰面的吊顶板及其连接构造和应用场景。

第6章 装配式楼地面应用技术详解。本章提出了装配式楼地面的设计要求，并列出了架空地板和非架空地板的部品构成、连接构造和应用场景。

第7章 集成厨房应用技术详解。本章提出了集成厨房的设计要求，并列出了集成厨房的部品构成、连接构造和应用场景。

第8章 集成卫生间应用技术详解。本章提出了集成卫生间的设计要求，并列出了集成卫生间的部品构成、连接构造和应用场景。

第9章 收纳应用技术详解。本章提出了收纳的设计要求，并列出了集成卫生间的板材类型和应用场景。

第10章 内门窗应用技术详解。本章提出了内门窗的设计要求，并列出了内门窗的部品构成、连接构造和应用场景。

第11章 设备与管线应用技术详解。本章提出了设备与管线的设计要求，并列出了设备与管线的部品构成、连接构造和应用场景。

第12章 部品制造与运输。本章以原材环保与品控为出发点，提出了部品制造、出厂检验、包装标识以及运输堆放的具体要点。

第 13 章 施工安装。本章首先介绍了装配式装修施工环节的前期准备，包括技术交底、编制方案、现场查勘、测量放线和部品进场等，然后详细介绍了装配式隔墙、装配式墙面、装配式吊顶、装配式楼地面、集成厨房、集成卫生间、收纳、内门窗的施工流程、施工工艺和注意事项。

第 14 章 质量验收。按照我国建筑工程施工质量验收标准的相关要求，根据装配式装修的技术特点，确定装配式装修检验单元的划分原则以及验收文件。针对装配式隔墙、装配式墙面、装配式吊顶、装配式楼地面、集成厨房、集成卫生间、收纳、内门窗和设备与管线等不同特点，确定各大系统验收的主控项目与一般项目，制定材料部品、安装质量、外观质量及尺寸偏差四个方面的验收原则和方法。

第 15 章 装配式装修的评价方法与等级判定。本章考虑设计协同与标准化、材料、工艺、智能化与信息化、室内环境等因素，按照装配式装修设计方法、部品选型、标准化、智能建造与应用以及九大系统中关键部品部件、干式工法、管线分离、集成厨房、集成卫生间的应用比例，制定了装配式装修的评价方法与等级判定。

第 16 章 使用维护。本章按照装配式装修的技术特征，给出了装配式装修工程后期使用维护的基本要求和注意事项。

本书在编写过程中得到了课题管理单位和课题参与单位的大力协助，在此一并表示感谢！由于编者水平有限，书中不足之处在所难免，希望广大读者批评指正。

编者

2024 年 9 月

目 录
CONTENTS

第 1 章　概述 ··· 1
　1.1　装配式装修的概念及特征 ·· 1
　1.2　传统装修与装配式装修的比较 ·· 2
　1.3　国外装配式装修发展情况 ·· 4
　1.4　国内装配式装修发展情况 ·· 7
　1.5　发展装配式装修的意义 ·· 10

第 2 章　模数协调、集成设计与优先尺寸 ·· 11
　2.1　模数协调 ·· 11
　2.2　集成设计 ·· 15
　2.3　优先尺寸 ·· 20

第 3 章　装配式隔墙应用技术详解 ·· 36
　3.1　设计要求 ·· 36
　3.2　部品构成 ·· 37
　3.3　连接构造 ·· 40
　3.4　应用场景 ·· 43

第 4 章　装配式墙面应用技术详解 ·· 44
　4.1　设计要求 ·· 44
　4.2　部品构成 ·· 44
　4.3　连接构造 ·· 47
　4.4　应用场景 ·· 49

第 5 章　装配式吊顶应用技术详解 ·· 50
　5.1　设计要点 ·· 50
　5.2　部品构成 ·· 50
　5.3　连接构造 ·· 53
　5.4　应用场景 ·· 54

| 第6章 | 装配式楼地面应用技术详解 | 55 |

- 6.1 设计要点 …… 55
- 6.2 部品构成 …… 56
- 6.3 连接构造 …… 58
- 6.4 应用场景 …… 59

第7章 集成厨房应用技术详解 …… 61

- 7.1 设计要点 …… 61
- 7.2 部品构成 …… 62
- 7.3 连接构造 …… 62
- 7.4 应用场景 …… 63

第8章 集成卫生间应用技术详解 …… 65

- 8.1 设计要点 …… 65
- 8.2 部品构成 …… 66
- 8.3 连接构造 …… 68
- 8.4 应用场景 …… 69

第9章 收纳应用技术详解 …… 70

- 9.1 设计要点 …… 70
- 9.2 板材类型 …… 70
- 9.3 应用场景 …… 71

第10章 内门窗应用技术详解 …… 73

- 10.1 设计要点 …… 73
- 10.2 部品构成 …… 73
- 10.3 连接构造 …… 74
- 10.4 应用场景 …… 75

第11章 设备与管线应用技术详解 …… 76

- 11.1 设计要点 …… 76
- 11.2 部品构成 …… 77
- 11.3 连接构造 …… 78
- 11.4 应用场景 …… 79

第12章 部品制造与运输 …… 81

- 12.1 部品制造 …… 81
- 12.2 出厂检验 …… 83

12.3	包装标识	83
12.4	运输堆放	84

第13章 施工安装 ································· 85

13.1	基本要求	85
13.2	施工准备	85
13.3	施工安装	87
13.4	成品保护	97

第14章 质量验收 ································· 98

14.1	一般规定	98
14.2	分项工程划分	98
14.3	装配式隔墙验收	99
14.4	装配式墙面验收	101
14.5	装配式吊顶验收	102
14.6	装配式楼地面验收	103
14.7	集成厨房验收	104
14.8	集成卫生间验收	106
14.9	收纳验收	108
14.10	内门窗验收	109
14.11	设备与管线窗验收	111
14.12	验收文件	111

第15章 装配式装修的评价方法与等级判定 ················ 113

15.1	一般要求	113
15.2	评价细则	116
15.3	评价等级	121

第16章 使用维护 ································· 122

第1章 概　　述

1.1 装配式装修的概念及特征

装配式装修是运用集成化设计方法，遵循管线与主体结构分离的原则，统筹考虑隔墙系统、墙面系统、吊顶系统、楼地面系统、厨房系统、卫生间系统、收纳系统、内门窗系统、设备和管线系统等，将工厂化生产的内装部品以干式工法为主在现场进行组合安装的装修建造模式。与传统建筑装修方式相比，装配式装修具有五个特征。

1. 管线分离

传统建筑装修做法将电气管线、供暖管线等敷设于结构体或结构垫层中，由于管线的寿命远低于主体结构的工作年限，后期管线维修或更换改造时，需要破坏主体结构，不但维修极其困难，还易对结构造成损害，影响结构安全。在装配式装修中，设备与管线系统是内装系统的有机构成部分，填充在装配式空间六个面与支撑结构之间的空腔里。这种将设备与管线设置在结构系统之外的方式被称为管线与结构分离，简称管线分离。管线分离解决了结构主体与内装部品、设备及管线使用寿命不统一的问题，有利于降低结构拆分与管线预埋的难度，降低结构建造成本，有利于建筑主体结构的长寿化，有利于翻新改造时内部功能区间的重新划分，降低更新改造成本。

2. 干法工法

传统装修采用石膏腻子找平、砂浆粘贴等湿作业方式，后期容易出现开裂、脱落及漏水等各种质量问题。装配式装修采用干式作业施工工艺建造，通过锚栓、支托、结构胶粘等方式实现可靠支撑和连接构造，是一种快捷、高效的工业化装配工艺。干式工法施工的技术优势规避了不必要的技术间歇，缩短了装修工期，从源头上彻底杜绝了传统装修湿作业带来的开裂、脱落、渗水等质量通病，同时也有利于后期翻新维护，翻新成本低。另外，干式工法摒弃了贴砖、刷漆等传统手艺，技能更加通用化，利于摆脱现阶段传统手艺人青黄不接的窘境。

3. 集成定制

传统装修作业产生的建筑垃圾多，资源浪费和环境污染严重。装配式装修采用部品集成方式，将多个分散的部件、材料通过特定的工厂制造集成为一个有机整体，从而实现了装修部品的系统化、规模化、大批量定制，性能提升的同时减少了不必要的资源浪费，易于交付和装配。部品集成定制通过现场放线测量、采集数据，进行容错分析与归尺处理之后，工厂可按照每个装修面来生产各种标准与非标准的部品部件，在保证制造精度与装配效率的同时，减少现场二次加工，大大减少了装修现场废弃材料，更大程度上从源头避免了噪声、粉尘、垃圾等环境污染。

4. 可逆化装配

传统装修做法采用不可逆的建造和安装方式，出现开裂、漏水等质量问题时只能进行破坏性重装。装配式装修采用可拆卸、通用化的接口技术，在使用、维护、更新时无需破坏整体即可进行部品部件的更换与升级，这种可逆化装配方式安装操作简便、后期维修便捷高效。

5. 功能齐备

装配式装修部品能够提供系统化整体解决方案，所有零部件均能够成套供应，包括集成厨房、集成卫生间、装配式隔墙、装配式墙面、装配式楼（地）面、装配式吊顶等。所采用的部品部件均工厂化生产，材料与部品质量经严格检验，可有效预防和控制室内环境污染，室内整体装配完成后即可实现拎包入住，环境安全舒适，用户体验良好。

1.2 传统装修与装配式装修的比较

1.2.1 传统装修的弊端

传统装修方式以湿作业、手工方式为主，现场施工环节多、工序流程复杂、耗时久、拆除现象严重，材料以次充好和现场管理混乱的现象屡见不鲜，导致质量和安全问题时有发生，成为市场监管、开发商及住户都倍感头疼的问题。传统装修方式的弊端主要表现在以下几个方面。

1. 质量通病多

传统装修方式常见的质量问题主要包括防水层开裂渗漏、抹灰层空鼓开裂、墙面受潮粉化发霉、面砖剥落、地面拼缝不严、吊顶不平等，这些质量通病表象的背后往往是传统湿作业方式的人工、材料、设备、工法、环境等因素复杂，导致装修质量难以有效控制。

2. 安全事故多

传统装修方式流程和工序复杂，装修工人违反安全操作规定，私拉乱接线路、超负荷用电、使用可燃易燃等不合格材料，容易产生火灾等安全事故。2024年1月，江西新余一处沿街店铺负一楼冷库在装修时发生火灾，由于房间内堆积了大量泡沫板，浓烟蔓延速度非常快，导致人员逃脱不及时，造成39人死亡、9人受伤的重大安全事故。

3. 环境污染重

传统装修中使用的材料释放出的甲醛、放射性元素等都会造成室内装修污染。这些环境污染对人体危害性极大，轻则头晕恶心，重则突发重大疾病。另外，装修垃圾对环境的污染也不容小觑。经验数据表明，$100m^2$的毛坯房初次装修，如果结构不发生较大的改变，产生的建筑垃圾大概在2吨左右；如果是对简装房进行二次装修，对结构改变很大，产生的建筑垃圾可能超过10吨，这些垃圾给生态环境造成了严重的负担。

4. 资源消耗多

在我国房屋交付时，建设单位会依据施工设计要求进行基础装修，业主拿到房屋后会按自己的需求进一步完善或精装修。二次装修过程中，业主普遍将新房的瓷砖、洗漱盆等换掉。据不完全统计，我国每年因二次装修造成的经济损失约 300 亿元，同时也造成较多的资源浪费。如果全国每年 2000 万户家庭进行装修，每户节约 $1m^2$ 陶瓷，就能节约 12 万吨标准煤，减排二氧化碳 31 万吨。

1.2.2 装配式装修的技术优势

装配式装修基于填充体与结构体分离技术，部品部件工厂化生产，现场以干式工法为主，再进行组合安装，部品质量稳定、精度高，现场施工高效、损耗低。与传统装修方式相比较，改变了装修施工的工艺流程，将传统现场复杂烦琐的施工工序转化为工厂工业化生产，现场拆旧工、水电工、泥水工、木工、油漆工等多工种协同施工转变为安装工、电工流程化安装，环节大大简化，效率得到极大提升。装配式装修的技术优势主要表现在以下几个方面。

1. 节省材料

装配式装修采用先进的部品集成制造技术，工业化生产，现场无裁切，避免了施工中出现的材料浪费。

2. 节约工期

现场采用干式工法施工，施工安装速度快。经验数据表明，采用全屋集成的装配式装修技术体系，4 个工人 6 天即可完成 $50m^2$ 房屋装修。装修完成后即可入住，节省工期。

3. 质量稳定

工厂批量化生产保证了制造过程中部品性能的稳定性，施工过程中采用干式工法，操作简单，便于全过程管控，避免了传统湿作业带来的质量通病，规避了传统装修依赖手艺人的风险，保证了装修质量。

4. 效率高效

装配式装修简化了传统装修现场的繁复工序，将传统手工作业升级为工厂化生产部品部件现场装配，工艺和流程标准化，极大地提高了施工效率。

5. 绿色环保

装配式装修在材料选择上突出防水、防火、耐久性和可重复利用的特点，作业环境干净、整洁、无污染，施工过程无噪声，装修效果环保节能。

6. 灵活拆改

装配式装修将内装与结构分离，在不损伤主体结构前提下，室内空间可以多次灵活调整，能够适应不同居住人群和不同家庭结构对建筑空间需求的变化，保障建筑使用寿命。

7. 综合效益高

与传统装修方式相比较，装配式装修的费用节约体现在用工人数减少、用工时间下降、安装难度降低，整体节约工费约 60%，部品工厂生产原材料节省量达到 20%。据不完全统计，住宅装配式装修费用可以做到每平方米 1000 元，同时完成后的装修品质还高于传统装修。

1.3 国外装配式装修发展情况

在发达国家,住宅常以成品房的形式交付,住宅装修一般作为住宅产业的子部分,其发展基本与住宅产业保持同步。装配式住宅装修概念最早在20世纪60年代由荷兰学者哈布拉肯(N. John Habraken)提出,在其所著的 *Support—An Alternative To Mass Housing* 一书中解释了"骨架支撑体"的概念,即将住宅拆分为"可拆开的构件"与"骨架"。1965年,荷兰住宅建筑协会(Stitching Architecture Research,SAR)对该理论展开了更为详细的研究,将住宅分为统一建造、具备耐久性的"支撑体"(Skeleton)和由用户参与设计、使用期限较短且可以自由替换的"填充体"(Infill),即SI体系(如图1-1所示)。

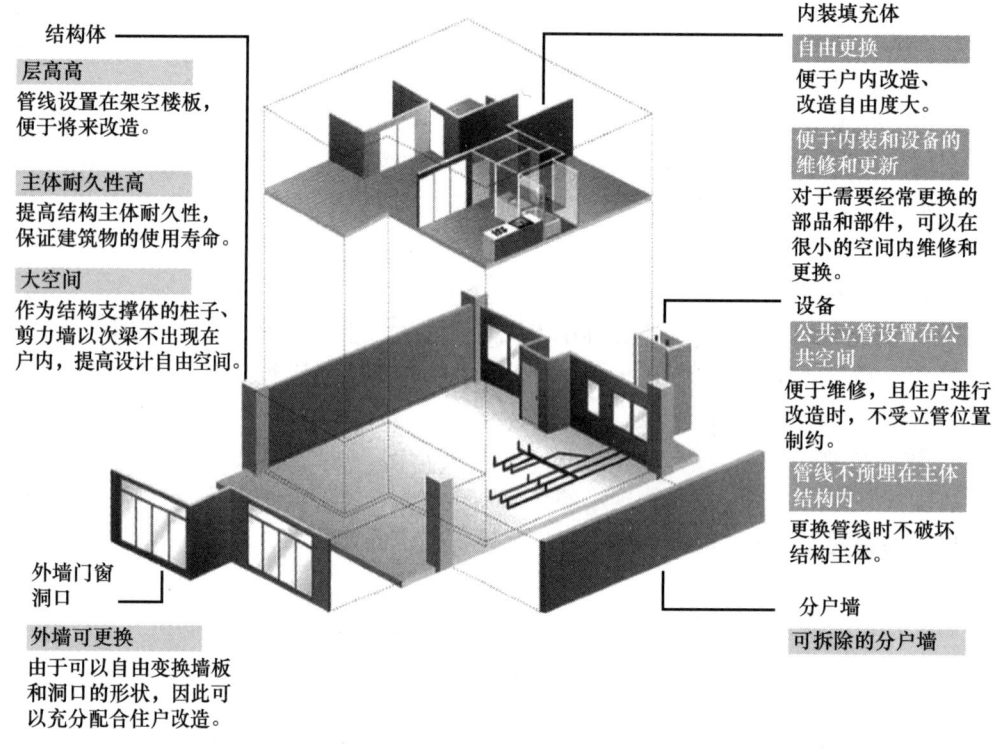

图1-1 SI体系示意

(图片来源:《SI住宅与住房建设模式体系·技术·图解》)

1.3.1 日本装配式装修发展现状

日本是亚洲工业化住宅体系发展最为成熟的地区之一,也是装配式住宅体系探索的先行者。20世纪60年代初期,由于第二次世界大战后重建对住房需求增加,同时建筑工人数量不足,日本政府提出了"住宅建设"工业化基本设想,住宅整体及其装修开始实行部件化、批量化生产,同期荷兰开放建筑理论传入日本并得到发展。20世纪70年代,日本工业化方式建造的住宅占竣工住宅总数的10%左右,并在住宅装修改造、节能技术方面取得提升，集成吊顶、橱柜等形成了独立、标准化、多样性的产品体系，可以采用组合的形式进行选购和安装，同时为了保证工业化住宅的质量和功能，日本制定了工业化住宅质量管理优良工厂认定制度。

20 世纪 80 年代，日本工业化方式建造的住宅占竣工住宅总数的 15%～20%，住宅的质量功能有了提高。从 1980 年起，日本围绕百年住宅体系（Century Housing System，CHS）推进住宅产业转型，在《百年住宅建设系统认定基准》一书中，提出了六项基本原则、设计六要素及三项基本条件，重点强调了住宅使用耐久性、部品标准化、空间灵活化的内容。

20 世纪 90 年代，日本工业化方式建造的住宅占竣工住宅总数的 25% 以上，并开始采用产业化方式形成住宅通用部件，其中 1418 类部件取得"住宅优良部品认证"。同时日本借鉴 SI 体系理念，并结合 CHS 的基本要求与日本建筑产业的发展特点形成了"KSI"体系，标志着住宅产业化进入成熟期。在 KSI 体系住宅中，支撑体与填充体相互独立，填充体置换与更新的过程不会影响到支撑体，结构的耐久性得到提升，建筑寿命得到延长。同时，住户也可以根据自身的居住习惯及家庭结构转变带来的住房需求变化对户内空间格局进行自由调整，以满足个性化需求。

标准化是推进住宅产业化的基础。经过几十年的发展，如今日本的住宅工业化发展已经进入成熟期，建筑结构建造和装修施工皆是如此。日本有独特的优良住宅部品制度，依据各协会对建筑细部、组件、设备等提出指导性建议，制定了设计方法标准、性能指标、施工标准等。目前日本各类住宅部件（构配件、制品设备）工业化、社会化生产的产品标准十分齐全，占标准总数的 80%。有了标准的体系，部品部件实现了全面工业化生产，只有满足了相关标准的建筑部品才可以通过认证并投入使用，也确保了相关部品不会出现无法满足性能要求的情况。只要是厂家按照标准生产出来的构配件，在装配建筑物上都是通用的。另外，标准体系可以指导各建材生产厂商在满足最低性能和部品尺寸的基础上进行自由开发，为部品工厂提供了广阔的发展空间，为用户提供了多样化的选择。施工单位按照客户的个性化住宅功能需求进行设计，并采购相关部品组件，最后运抵现场后进行装配式安装，将建筑的设计和建造过程变为了一种产业化的商品制造过程。

日本建筑业较为重要的一个特点是建筑装修是建筑师的工作，要进行统筹全局的一体化设计，从建筑设计到结构、装修施工形成全流程产业化，这也是值得我们学习的。现阶段随着日本人口的减少，日本住宅逐步进入储备时代，住宅业已经达成了充分利用既有住宅资源、降低住宅翻修造成的资源浪费的业内共识。此种情况下，装配式装修成为日本住宅室内装修的主要选择，干式工法结合装配施工成为住宅室内装修的主流方式。在建筑设计初期阶段，以保证住宅的使用生命周期为前提，实现相关住宅设备、内装产品的检修和更新工作。现今日本的商品住宅基本实施装修一次到位，装配式装修的使用率已达到 100%。

1.3.2　北美装配式装修发展现状

20 世纪 70 年代美国住宅建设就已经实现了产业化，装配式建造和装修已经十分成熟。北美地区有很多独栋住宅，从设计、建造到装修提供一条龙服务，要求设计、生产、施工全盘考虑，并尽可能地采用工业化生产和装配方式，避免施工环节和质量上出现问题，为装配式装修的发展提供了有利条件。

美国"工业化住宅"的特点在于住宅产品的工厂化生产，住宅用构件和部品的标准化、系列化、专业化、商品化、社会化程度接近100%，基本消除了装修现场的湿作业，同时配备了用于建筑部品组装的施工机械，基本实现了全产业链配合，分工明确，产业化程度高。

1.3.3 欧洲装配式装修发展现状

北欧是装配式建筑的起源地，各国住宅产业发展起步早，全装修普及率高，内装风格简约独特，并且注重历史文化的保护，住宅的舒适性和功能性在全世界范围内都有独树一帜的影响力。北欧房间的布置注重物理环境方面的保温隔热、降低噪声，注重绿色生态设计，秉持可持续发展的理念。同时为了节约资源，北欧国家要求延长既有住宅的使用寿命，除新建住宅外，室内装修以改造为主。

瑞典是成品化住宅发展的典范。瑞典政府十分重视部品的标准化工作，成品化住宅标准体系完善。1940年，瑞典首次完善了建筑模数的研究。为了推动住宅建设工业化和通用化体系的发展，1967年，瑞典制定了《住宅标准法》，规定使用按照瑞典国家标准协会的建筑标准制造的建筑材料和部件来建造住宅，即可获得政府贷款。通过近20年的经验总结以及研究分析，瑞典实现了部件规格化并被逐渐纳入工业标准（SIS）。SIS是世界上最完善的全国统一规则通用体系，它规定了成品化住宅各个方面的标准，包括厨房设备配套标准、浴室设备配套标准、门扇框标准、窗扇窗框标准、主体结构标准、楼梯间规格标准、住宅隔墙标准等，并包括公寓式住宅的模数协调和各部件的模数尺寸。

瑞典独立式住宅占比约80%，这些独立式住宅90%以上是以工业化方法建造的。瑞典工厂的生产技术先进，部品生产同时考虑住宅套型的灵活性。在住宅内部布局和装修方面，设计师明确地划分各个房间的使用功能，将房间的功能和个人想法完美地结合，制订宜居的设计方案。瑞典住宅高度普遍为2~6层，其设备管线统一安置在室外排架上，而进入室内采取暗铺形式，既达到美观的效果，又便于维修。

丹麦是成品化住宅政策出台最早的国家之一，成品化住宅体系完善，同时注重建筑文化的拓展和区域特色的发展，从而实现了住宅的多样化。1961年丹麦颁布了《建筑法》，明确了建筑模数体系，并且规定除独立式住宅外，其他住宅必须按模数进行设计，满足标准中尺寸、公差及模数的相关要求。丹麦的基本模数是以1m为单位，建筑设计模数以3m为单位。丹麦另一个重点发展的内容是推行"产品目录设计"，完善成品化住宅体系。成品住宅的各个构件在工厂按统一模数标准生产，然后将不同的住宅构件组装成最终的住宅产品。通用构件总目录收录了全国各个厂家的产品，为住宅设计选材方面提供便利。丹麦特别重视住宅的使用寿命和构件的耐久性，如在建筑部件通用化体系研究方面，丹麦国立建筑研究所和体系建筑协会开发的预制构件产品，既能用于新建建筑，也可应用于老旧建筑的改造。

1.4 国内装配式装修发展情况

1.4.1 国内装配式装修发展过程

相比于发达国家，我国装配式装修产业的研究与实践仍处在政策指标推动、部品体系研发、试点建设摸索的孕育阶段，技术标准体系未完善，设计、生产、施工、验收、维护全产业链条未贯通，未形成较大的市场规模，整体发展落后于发达国家。20 世纪 80 年代以来，我国装配式装修发展可大致划分为三个阶段。

1. 探索期（20 世纪 80 年代—2007 年）

在 20 世纪 80 年代初，SI 住宅体系首次从日本引进国内，为我国开展工业化住宅内装模块化的研究提供了基础框架。自 20 世纪 90 年代末开始，我国相继出台了多个政策文件，引导和鼓励新建商品住宅一次装修到位或采用菜单式装修模式，全面推广全装修。

1995 年前后，国内提出了"住宅部品"的概念。1996 年，随着住宅产业化试点工程在全国范围内的推行，国家陆续出台多个政策文件，积极引导新建商品房采用菜单式的装修模式，在住宅交付时即完成全屋室内装修。《国务院办公厅转发建设部等部门关于推进住宅产业现代化提高住宅质量的若干意见》（国办发〔1999〕72 号）中进一步明确建立住宅部品体系的具体工作目标，首次提出"加强对住宅装修的管理，积极推广一次性装修或菜单式装修模式，避免二次装修造成的结构破坏、浪费和扰民等现象"。

2002 年住房和城乡建设部发布了《商品住宅装修一次到位实施导则》（建住房〔2002〕190 号），对"全装修"住宅的装饰设计、部品选择、材料运用、施工等方面提出了更为详细的要求。在此期间以万科为主的国内有实力的企业借鉴日本的内装技术，进行了装配式装修的初步尝试。

这一阶段，政府、企业的探索与尝试为装配式装修发展奠定了基础，同时也证实了由于国内发展环境不成熟，情况相对复杂，国外的技术体系在我国的应用会受到客观条件的种种限制。

2. 调整期（2008—2015 年）

2008 年后，我国开始着力推动 SI 住宅，基于干式工法作业的装配式装修技术不断发展。2008 年，住房和城乡建设部下发《关于进一步加强住宅装饰装修管理的通知》（建质〔2008〕133 号），明确要求推广全装修住房，逐步达到取消毛坯房，直接向消费者提供全装修成品房的目标。同年，住房和城乡建设部住宅产业化促进中心编制《全装修住宅逐套验收导则》，对装修的分部分项工程明确验收标准，使开发商交付全装修住宅时有章可循。

2010 年，住房和城乡建设部住宅产业化促进中心编制了《CSI 住宅建设技术导则》（China Skeleton Infill, CSI）标准体系，在吸收开发建筑理论及 SI 体系理论的基础上对我国住宅寿命短、耗能多、质量差等问题进行完善。

2013 年，住房和城乡建设部出台《住宅室内装饰装修工程质量验收规范》（JGJ/T 304—2013），着力破解全装修领域有施工标准却无验收标准的难题。2015 年，住房和城乡建设部颁布《住宅室内装饰装修设计规范》(JGJ 367—2015),明确住宅室内装饰装修设计内容、设计深度等要求,为住宅全装修发展提供技术支撑。

在实践方面,2008年中日技术集成试点工程——雅世合金公寓项目,成为国内首个百年住宅示范项目。2010年2月,中国房地产业协会和日本日中建筑住宅产业协议会签署了《中日住宅示范项目建设合作意向书》,就促进中日两国在住宅建设领域进一步深化交流、合作开发示范项目等达成一致意见。在此期间,2012年北京市保障性住房开始采用装配式装修技术,以高米店公租房、马驹桥公租房等为代表的一批保障性住房采用装配式装修,体现了施工便捷、质量优良的优势。装配式装修从局部装配发展到全屋系统解决方案阶段。2015年7月,绿地南翔威廉公馆百年住宅SI内装专项施工总包项目顺利通过竣工验收,开创了国内以SI装配式建筑体系为特色的设计施工一体化的模式。

3. 大力发展期(2016年至今)

2016年9月,国务院办公厅印发《关于大力发展装配式建筑的指导意见》(国办发〔2016〕71号),明确提出"推进建筑全装修。实行装配式建筑装饰装修与主体结构、机电设备协同施工。积极推广标准化、集成化、模块化的装修模式,促进整体厨卫、轻质隔墙等材料、产品和设备管线集成化技术的应用,提高装配式装修水平。倡导菜单式全装修,满足消费者个性化需求"。这一项政策的发布使得装配式装修与装配式建筑同时受到关注,标志着装配式装修产业发展进入了全面发展期。

2017年1月,住房和城乡建设部发布国家标准《装配式混凝土建筑技术标准》(GB/T 51231—2016)和《装配式钢结构建筑技术标准》(GB/T 51232—2016),两项标准中对"装配式装修"的术语给出了明确定义。2018年2月,《装配式建筑评价标准》(GB/T 51129—2017)开始实施,其中装修与设备管线评分为30分,并且明确提出"装配式建筑宜采用装配化装修"。

此外一些地方政府也在积极编制装配式装修相关的标准规范,装配式装修的发展环境不断优化。截至2020年,全国各省、自治区、直辖市及地级市出台装配式装修相关政策170余项。随着国家政策的持续推进、部品产业的持续发展、居民对建筑品质需求的不断提升及示范项目的落地验证,装配式装修技术及部品一定会得到长足发展,也将会呈现出多样化、中国化的发展趋势。

1.4.2 国内装配式装修面临的问题

现阶段,我国装配式建筑的总体发展呈现出"重结构、轻内装"的现状,虽然在结构系统工业化方面取得了显著进展,但在装配式装修的部品开发、集成技术及建造实施上仍处于探索与起步阶段,主要原因可以归结为以下几个方面。

1. 涉及领域繁杂

装配式装修涉及的领域非常繁杂,是跨行业、跨业态、多领域的,包括基础材料开发、制造集成技术服务等,各个环节之间关联性低,很难进行高度集成。能够将这些复杂业态集成在一起,对于企业自身的经济实力及其资源整合能力要求极高,同时满足这种高度集成行业发展的复合型人才更为稀缺。放眼全球,由于我国国情的复杂性,很难找到成熟的装配式装修领域的成功企业作为标杆来学习借鉴,因此这一行业的发展主要依靠国内企业的不断摸索。

2. 标准体系不完善

目前我国关于装配式建筑的相关标准体系正在逐渐完善，但是作为装配式建筑重要组成部分的装配式装修相关标准体系尚未形成。传统装修方式是先结构后装修，在整个建筑体系中是相对独立的环节，与建筑的其他环节没有关联，而装配式装修则要求从设计开始到生产、现场施工、后期维护等全流程参与，相应的标准规范要延伸到设计、生产、施工等多个领域，因此需要重新制定相应的标准。另外，装配式装修作为一种创新性的装修方式，在质量验收等环节也与传统装修方式存在很大差异，已有的装修技术验收规范难以适用。

3. 部品标准化程度不高

我国建筑领域的模数协调尚未强制推行，导致结构体系与部品之间、部品与部品之间、部品和设施设备之间模数难以统一。建筑设计环节标准化程度不高，造成大量的非模数空间，有些项目需要现场逐一测量。而大多数装修部品企业执行其内部标准，不同企业之间的产品模数不协调。目前，装配式装修没有做到全过程一体化设计，很多项目提交的装配式装修设计施工图设计深度不足，无法作为产品采购、生产加工和准确安装的依据，难以满足居住者人性化、精细化的住房需求。

4. 技术和部品协同发展不足

目前我国装配式装修部品研发缺乏理论基础，体系性和整体性不足，部品通用性较差，供应链能力不强。装配式装修基础材料不够丰富，产业配套不完整。内装与主体结构之间、内装各系统之间的界面与接口不清晰，缺少相互协调与连接。部品部件净尺寸和预留尺寸要求没有统一的标准，生产效率低、质量不稳定，存在维护维修难、更换改造难等问题。

5. 项目施工组织难度大

相比较传统装修模式，装配式装修对项目管理的整体性和协调性要求较高。目前装配式装修数字化、信息化程度较低，在设计、生产、施工之间缺乏整体的思维和管理方法，在项目实施过程中与土建及其他专业施工无序交叉，导致工期优势不明显、成本增高等问题，使装配式装修的优势无法充分体现。此外，装配式装修项目涉及的专业较多，且一些装配技术和部品等也处于探索发展阶段，不同专业技术之间的融合较难，若管理不善，易发生项目返工、经济成本增加、预期效果不理想等情况。

6. 对装配式装修认识存在误区

装配式装修成为传统装修企业转型升级的主要方向，引起了产业链上下游企业的高度重视，但除了北京、上海等城市外，大多数地区对装配式装修的了解十分有限，对管线分离、干法施工、可逆安装等认识不到位，甚至存在概念不清的情况。有的装修项目管线未与主体完全分离，有的装修项目挂板体系依旧需要打胶，无法实现快速拆改及维修。由于目前装配式装修以政府主导的公租房、安置房和共有产权房等居多，商品房项目应用较少，所以消费者对装配式装修认识存在误区，认为装配式装修只能做保障性住房，缺乏装配式装修能成就高品质精装修的意识。

1.5　发展装配式装修的意义

发展装配式建筑是建筑工程建造方式的重大变革，是推进供给侧结构性改革和新型城镇化发展的重要举措，是建筑业实现"碳达峰、碳中和"的有效手段。装配式装修是装配式建筑的重要组成部分，是助推建筑产业转型升级的重要抓手，是实现建筑业高质量发展、可持续发展的重要路径。装配式装修不仅适用于新建建筑，也适用于对既有建筑的翻新与改造。发展装配式装修具有以下重要意义。

1. 有利于提升建筑品质

装配式装修通过工业化手段提升装修部品的质量，全面保证内装部品的使用性能，并有利于后期维修维护，切实提高建筑的安全性、适用性和耐久性，满足人民群众对建筑品质的更高需求。装配式装修实现了内装和管线与主体结构相互分离，有利于随着家庭结构变化进行灵活调整，不损伤建筑主体结构，提升建筑使用寿命。装配式装修现场无湿作业、无噪声、无垃圾、无污染，装修完毕即可入住，实现了建筑内装环节的节能环保。装配式装修通过生产方式变革、整体质量的提升，为消费者提供高品质"好房子"，促进了建筑业可持续发展。

2. 有利于缓解建筑业用工荒难题

随着我国人口老龄化及城镇化进程的加速，人口红利逐渐消失，农村剩余劳动力越来越少。根据国家统计局的数据，从事建筑业农民工占比自2014年起呈下降趋势，目前建筑劳务市场的工人年龄多在50岁以上，年轻人不愿意从事脏、苦、累的工作，选择建筑业意愿持续走低。上述现象造成泥工、木工、油漆工等工种严重紧缺，并造成用工成本急剧上升。装配式装修基于填充体与结构体分离技术，部品部件工厂化生产，现场以干式工法为主进行组合安装，施工工艺简便快捷，对专业工种要求较低，很大程度上缓解了建筑业劳务工人的紧缺问题。从建筑业长远发展考虑，将建筑农民工转变为建筑产业工人，将工作地点从施工现场转移至生产车间，提升工作条件和环境，也是建筑业转型升级的必然趋势。

3. 有利于建筑业节能、环保、绿色可持续发展

传统装修方式现场存在大量的剔凿、切割和湿作业，产生的建筑垃圾多，能源资源浪费严重，工期长。装配式装修将传统室内大部分装修工作转移到工厂内，通过流水线作业进行标准化生产，现场仅需要简单安装即可完成，大大提高了施工效率，节省了劳动成本。建筑装修各个系统之间具有很好的匹配性，部品部件以无机环保材料为主，现场采用干式工法施工，极大减少了现场切割作业，避免了材料浪费，减少了现场的噪声、粉尘，减少了水资源的消耗，降低了装修造成的室内环境污染，符合国家"四节一环保"的发展需求，有利于建筑业绿色、健康、可持续发展。

第2章　模数协调、集成设计与优先尺寸

建筑产业发展的目标是实现通用住宅体系化，积极推行定型化生产、系列化配套、社会化供应的部件发展模式。现阶段我国大力发展新型建筑工业化，正是促进建筑产业全面转型升级的重要举措，是建筑产业转型升级必经之路，也是建筑业实现"碳达峰、碳中和"的有效手段。实现建筑工业化是标准化、集约化的过程。没有标准化，就没有真正意义上的工业化，而没有系统化的模数协调，就不可能实现标准化。

2.1　模数协调

2.1.1　模数协调的重要性

模数协调是各行各业生产活动最基本的技术工作。遵循模数协调原则，全面实现尺寸配合，可保证房屋建设过程中，在功能、质量、技术和经济等方面获得优化，促进房屋建设从粗放型的传统手工生产方式转化为集约型的社会协作生产方式。

模数协调的基本原则是实现建筑部件的通用性和互换性，就是把部件规格化、通用化，使部件能够适用于常规建筑，并能满足各种需求。部件的规格化、通用化能支持大量定型的规模化生产，稳定质量，降低成本。通用化使部件具有互换能力，互换时不受其材料、外形或生产方式的影响，简化施工现场作业，同时可促进市场竞争和质量提升。实现部件互换的主要条件是确定部件的尺寸和边界条件，使安装部位和被安装部位达到尺寸间的配合。

建筑模数协调工作涉及各行各业，涉及的部件种类很多，实施模数协调的工作难度较大，需要各方共同遵守各项协调原则。我国建筑领域的《建筑模数协调标准》（GB/T 50002—2013）已经颁布实施多年，却一直未能全面执行，导致建筑结构体系与部品之间、部品与部品之间、部品和设施设备之间模数尚难以协调，施工效率不能大幅提升，装配式建筑和装配式装修的优势未能充分发挥。在装修设计环节标准化程度较低，有些项目需要现场逐一测量，导致装修部品部件规格过多，既增加了装修成本，又降低了装修效率，还埋下质量安全隐患。

发展装配式建筑，尤其是装配式装修，亟须提高部品部件的标准化水平，加强部品部件生产企业与设计单位、施工单位的信息沟通和协同作业，共同确定标准化、模数化和系列化的装配式装修部品部件，运用标准化手段，提高部品部件的通用性和互换性，促进建筑结构、部品部件、机电设备、装饰装修的一体化集成设计能力。从源头上推进标准化的装修部品部件在设计、生产、施工和运维等环节的应用，形成以标准化、社会化生产为主、定制化及小规模加工为辅的新生产制造模式，促进建筑部品部件的供给侧结构性改革，推进装修行业的转型升级和高质量发展。

2.1.2 模数协调的层级

1. 支撑体空间网格与支撑体结构部件的模数协调

"支撑体"(Support)来源于荷兰的开放建筑(Open Building)理论,在日本,演化为SI体系的"骨架"(Skeleton)。无论是SI体系,还是PC体系,都试图把结构支撑部分从建筑其他部分分离出来,以谋求更加可变的建筑内部空间。

当把建筑看作三维坐标空间中三个方向均为模数尺寸的模数空间网格时,这一空间网格在新型工业化建筑中可被设定为模数协调体系的第一层级——支撑体空间网格(如图2-1所示)。支撑体空间网格在三个空间方向上的模数可以不等距,层高以基本模数1M(模数)进级,开间和进深以扩大模数3M和6M进级。

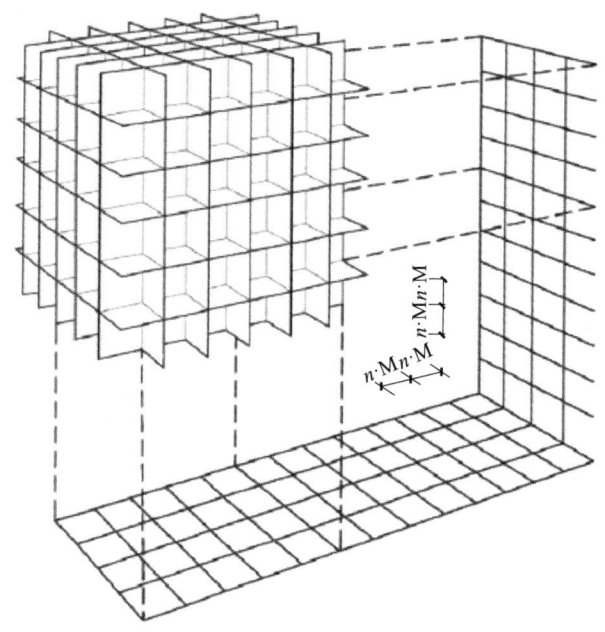

图2-1 支撑体空间网格示意

支撑体结构部件主要指梁、柱或板等,它们通过预制装配或现浇的方式连接成符合空间网格参数的建筑框架,从而形成模数化的支撑体和单元内部空间框架。支撑体结构部件的尺寸应符合模数要求,其中梁、柱的长度方向和板的长度、宽度宜以1M、3M或6M进级,梁柱截面尺寸和板的厚度宜以1M、1/2M或1/5M进级。起固定、连接结构部件作用的分部件在三个维度上的参数宜以1/2M、1/5M、1/10M进级。

2. 单元空间网格与空间分割部件的模数协调

支撑体空间网格可以分解为数个独立的单元,这些单元可被设定为模数协调体系的第二层级——单元空间网格(如图2-2所示)。新型工业化建筑的空间单元是可变的。在建筑的长寿命使用过程中,人们对建筑空间的需求会改变,在不改变建筑支撑体结构的情况下,可根据需要改变单元空间的形态和尺寸。

单元空间网格在尺度上小于支撑体空间网格,相邻单元空间网格之间通过空间分隔部件的安装形成隔墙、楼板,从而形成具有相对独立性的空间单元。以住宅建筑为例,逐层分解的单元空间网格与住宅单元、住宅户型、房间等空间单位相对应。

逐层分解的单元空间网格参数分别以 1M 和 3M 进级。空间分隔部件的尺寸应符合模数，其中长度和宽度方向的尺寸宜以基本模数 1M 或扩大模数 n·M 进级，厚度方向宜以 1/2M、1/5M 等分模数进级。

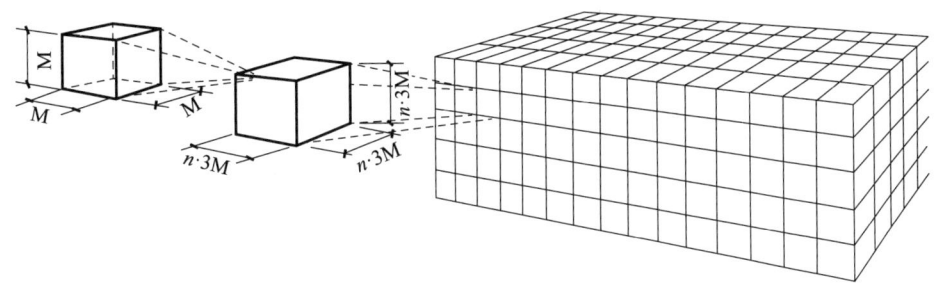

图 2-2　单元空间网格示意

3. 平面网格与内装部件的模数协调

新型工业化建筑需要在支撑体最外层的框架上装配外装部件，以形成建筑外围护结构；而在单元空间内部，内装部件需装配于各空间界面。在外围护结构所形成的界面以及内部空间界面上安装内装部件都是在相应的二维模数网格中进行，这些二维模数网格可被设定为模数协调体系的第三层级——平面网格（如图 2-3 所示）。

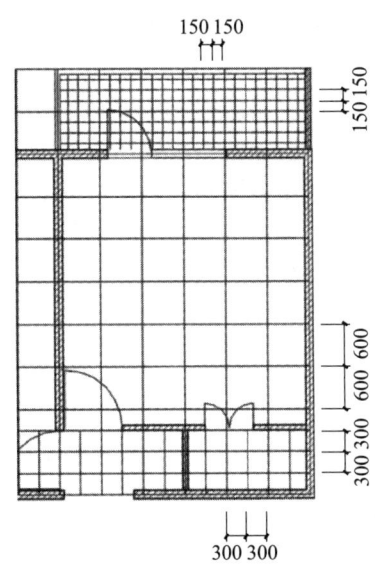

图 2-3　平面网格示意

不同的空间界面按照不同的装配部件，采用不同参数的平面网格。平面网格参数按照从大到小的顺序，分别以 3M、1M、1/2M 进级。内装（分部件）的类型复杂，数量达到上万种之多，在尺寸上跨度较大。除了极少数板状部件在长度方向上的尺寸以 3M 进级以外，大部分内装、外装部件的尺寸以 1M 和 1/2M 进级；内装、外装分部件的尺寸宜以分模数 1/2M、1/5M、1/10M 进级。

用平面网格进行部件的定位安装能体现模数协调体系的应用价值。如某银行大楼的卫生间以面砖的尺寸 150mm×300mm 作为平面网格的参数，房间各界面的总长度均为 150mm 和 300mm 的整数倍数，厕位、洗手池、灯具等均按此平面网格定位安装，装修效果近乎完美。

2.1.3 模数协调的操作方法

1. 模数网格的作用

模数网格的设置是建筑模数协调应用的前提。模数网格线起到部件定位控制线的作用，工业化部件按照模数网格进行定位安装。例如，在图 2-4 所示的单双线混合模数网格中进行建筑空间分隔部件（墙体、门、窗等）的定位安装时，符合 1M 模数的分隔部件用同样符合 1M 模数的双线网格定位，部件的界面限定在网格线以内，形成符合扩大模数（如 3M）进级的模数化内部空间，为内装部件模块化提供了可能性。

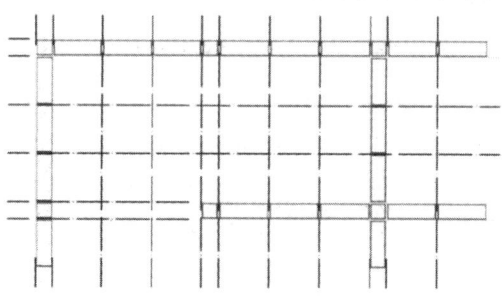

图 2-4 单双线混合模数网格应用示例

2. 模数网格的叠加

单一尺寸的模数网格不能解决大部分建筑部件（分部件）的模数协调问题。因此，在实际应用中，往往通过模数网格叠加的方法构建模数协调体系。支撑体空间网格、单元空间网格和平面网格三者的参数逐层缩小，但是这三个层级的网格必须是叠加的，即高层级的网格线是低层级网格的控制线（如图 2-5 所示）。模数网格的叠加可以把不同尺度的部件统一在同一模数网格系统中。例如，支撑体空间网格与柱网分隔成的单元空间网格应是叠加的，且建筑定位轴线与上述两个层级的网格叠加设置。

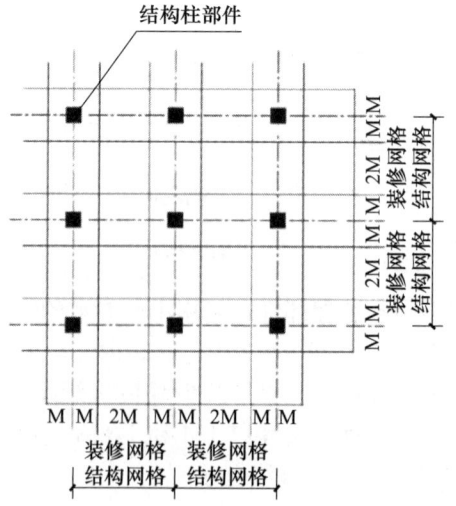

图 2-5 支撑体空间网格与单元空间网格叠加示意

3. 模数网格的中断

在同一空间（或界面）常因为安装部件的不同而需要把不同的模数网格并置。解决这一问题的最有效办法是在两种模数网格之间设置网格中断区（如图2-6所示）。网格中断区可以是模数的，也可以是非模数的。除了解决不同模数网格并置的问题，网格中断区还起到调节其两侧空间的尺度，使其符合所需模数的作用。网格中断区可以安装部件，也可以由现场加工的材质形成（如涂料或卷材）。网格中断区最常见的安装部件是起空间分隔作用的内隔墙部件。

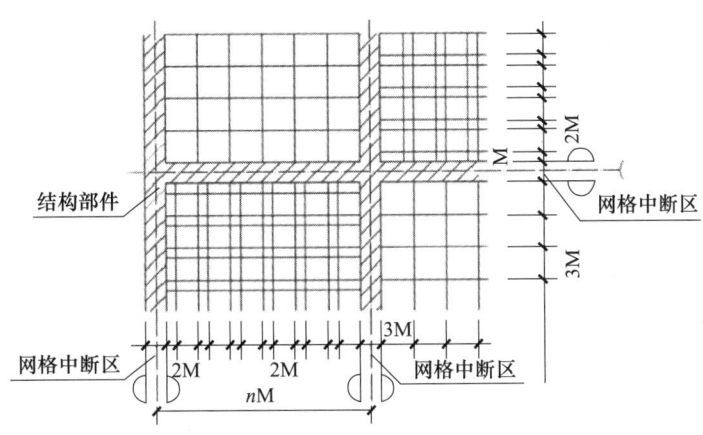

图 2-6 网格中断区示意

2.2 集成设计

与传统装修设计不同，装配式装修系统应与建筑设计同步协同进行，统筹不同专业、不同系统的技术要求，协调系统与系统之间、系统内部、部品部件之间的连接，进行一体化集成设计，以满足设计、生产、供应、安装、运维不同阶段的需求。装配式装修过程中应充分考虑部品部件的技术要求，处理好不同部品之间的连接接口，并考虑部品部件的生产运输、安装施工、质量验收、运营维护的要求，实现工业化建造、建筑全生命周期绿色可持续的目标。

2.2.1 设计理念

装配式装修设计应结合项目需求、建筑条件与成本要求等，对隔墙、墙面、吊顶、楼地面、集成厨房、集成卫生间、收纳、内门窗、设备和管线等进行集成设计。鉴于装配式装修的特征，装配式装修设计应基于以下设计理念。

1. 设计一体化

装配式装修设计应统筹项目定位、建设条件、技术选择、成本控制与运维使用等要求，协调建筑、结构、给排水、供暖、通风和空调、燃气、电气、智能化等各专业的要求进行一体化协同设计。

2. 标准化与通用化

装配式装修部品应采用标准化产品和通用化接口，按照少规格、多组合的原则，通过模块组合、色彩纹理、饰面效果、造型线条及软装的搭配满足个性化、多样化需求。特殊情况采用非标准化部品时,应确定定制规则,与标准部品同时编码、同批次工厂化生产,避免色差和二次切割。

3. 部品集成

装配式装修设计应采用集成度高的系统化内装部品,减少部品的种类,优选成套供应的部品。对于非标部品采用工厂定制,禁止现场二次裁切,非标部品与标准部品应同时编码,同批次加工,避免色差。

4. 干法施工

装配式墙面、楼地面及吊顶等系统设计时,应采用架空与带高差调平的自适应支撑与连接构造实现干式工法安装,面层选择干法拼接的墙板、楼地板及吊顶,做到绿色施工、提高质量、缩短工期。

5. 管线分离

装配式装修应遵循管线分离的原则,满足室内设备和管线检修、改造、更新、优化的要求,确保建筑主体结构长寿化和可持续发展。机电管线、开关盒、插座盒宜敷设在装配式隔墙、装配式吊顶、装配式楼地面的空腔内,并应考虑隔声降噪、保温、防结露等措施。采用辐射供暖时,宜与装配式隔墙、装配式吊顶、装配式楼地面一体化集成。

6. 可逆安装

装配式装修设计应充分考虑部品部件、设备管线维护与更新的要求,采用易维护、易拆换的技术和部品,连接构造宜遵循可逆安装和无损拆除的设计原则,在建筑全生命周期内满足易维护、可更换的要求。

7. 多场景性

为适应人们不同阶段对功能空间的不同需求,装配式装修应协调建筑设计,采取必要的设计、技术和构造措施,满足空间可变性。尽量采取大空间的结构形式,减少室内的承重墙等承重结构并将其集中布置,尽量将公共管道井布置在公共空间,以增大空间的可变性,同时应考虑品质升级与功能扩展的可能,预留必要的接口和提质改造条件。

2.2.2 设计流程

装配式装修设计是一个系统化的工程,应与建筑设计协同进行,应与结构系统、外围护系统及设备管线系统进行一体化集成设计,实现部品部件与各专业设计的集成和匹配。

装配式装修设计流程应分为技术策划、方案设计、部品选型、深化设计四个阶段。

1. 技术策划

设计前期,装配式装修应在建筑专业的统筹下,结合当地的政策法规、用地条件、项目定位、建设条件、技术选择与成本控制等进行总体技术策划。技术策划应在项目开始阶段进行,最晚不应迟于方案设计结束之前。技术策划主要内容是参照装配率、绿色建设目标和要求等,进行设计策划、技术和部品配置策划、部品生产与运输策划、施工安装策划和经济成本策划等。

2. 方案设计

方案设计应在技术策划的指导下进行,对房间布置、功能流线、空间效果等进行设计，以满足使用功能要求。方案设计时应对建筑的主要使用空间进行标准化设计，实现部品标准化、模数化和系列化，提高标准化程度，降低非标部品的数量。在标准化设计的基础上宜向用户提供若干种可供选择的装修方案，以满足不同经济状况和个性化需要。

方案设计时还需要结合各专业设计图纸，初步确定水电暖各类管线的布置方案，实现管线与结构分离，尽量避免采用现场存在湿作业的装修方案。另外，为适应人们不同阶段对功能空间的不同需求，方案设计应协调建筑设计，考虑品质升级、功能扩展及未来空间变化的可能性，采用易更改、可更改的装修设计方案，预留必要的接口和提质改造条件。

装配式装修工程应在方案设计阶段对装修材料部品中的各种室内有害物质进行综合评估，并对室内环境空气质量进行预评价。预评价时可综合考虑室内装修设计方案、装修材料的使用量、建筑材料、施工辅助材料、施工工艺、室内新风量等诸多影响室内空气品质的因素，最大限度对使用的各种装修材料的数量作出预算，也可根据工程项目设计方案的内容，分析和预测该工程项目建成后存在的危害室内空气品质因素的种类和危害程度，并提出科学、合理和可行的技术对策，作为工程项目改善设计方案和项目建筑材料供应的主要依据，从而根据预评价的结果调整设计方案。

3. 部品选型

部品选型阶段应在技术策划和方案设计之后，结合项目需求、建筑条件与成本要求等，对墙体、墙面、楼地面、吊顶、内门窗、收纳、厨房、卫生间等关键部品的外观效果、规格尺寸、连接方式及使用年限等进行选型和设计。

部品选型时应明确关键技术参数，优先选择工厂化生产、集成度高的系统化内装部品（如集成厨房、集成卫生间），并满足干式工法施工要求。部品应具有质量稳定、品质高、耐用性强、抗菌防霉等特点，满足结构受力、抗震、安全防护、防火、防水、防静电、防滑、隔声、吸声、节能、环境保护、卫生防疫、适老化、无障碍等方面的需要。

部品应实现标准化，选型按照模块化和系列化的设计方法，遵循少规格、多组合的原则，通过模块组合、色彩纹理、饰面效果、造型线条及软装的搭配满足个性化、多样化需求。部品及接口应采用通用化和标准化设计，提高通用性和互换性，对于易损坏和经常更换的部位应能够实现可逆安装和无损拆除，便于后期装修部品的更换、更新。

4. 深化设计

深化设计阶段在部品选型确定之后进行，着重进行细部节点设计、部品部件深化设计、定制部品的设计等，并最终完成装配式装修所有的设计文件。装配式装修施工图纸应全面、准确，并采用空间净尺寸标注，表达深度应满足工厂生产及现场安装要求。

装配式装修设计内容和深度除应符合国家现行有关标准的规定，尚应包括下列内容：

（1）使用功能细化、环境质量提升、空间形态完善；
（2）室内空间的墙面、顶棚、楼面或地面、内门、内窗、门窗套、固定隔断、固定家具及套内楼梯的装修；

(3) 套内空间中活动家具、陈设品及部品的选择和布置；

(4) 室内空间中给水排水、暖通空调、燃气、电气等专业设计；

(5) 预留设备、设施的安装、检修空间；

(6) 安全防护和消防设施设计；

(7) 无障碍设计。

装配式装修深化设计阶段应充分考虑部品部件尺寸、结构构件尺寸、装修做法空间尺寸和装修完成面净尺寸等，预留容错尺寸，合理调节材料变形、生产偏差及施工误差，宜采用可调节的构造或部件消除各种偏差的影响。

装配式装修深化设计时应考虑改善和提升室内热湿环境、光环境、声环境和空气环境质量，降低外界不良环境对建筑的影响。装配式装修应阻断或减少热桥现象出现。当采用干式辐射采暖时，宜与装配式隔墙、装配式吊顶或装配式楼地面集成。

装配式装修室内光环境应综合协调天然采光和人工照明，人员活动场所的光环境应满足视觉要求，光环境水平应与使用功能相适应。装配式装修室内宜采用自然通风和强制通风相结合，设有中央空调或采暖设备时，宜采用补充新风的设备。

装配式装修声环境应符合现行国家标准《建筑环境通用规范》(GB 55016) 及《民用建筑隔声设计规范》(GB 50118) 的规定。装配式楼地面、装配式吊顶、装配式隔墙、内门窗系统应根据不同使用场景的要求采取隔声、吸声等构造措施。管线穿过楼板和墙体的孔洞周边和厨房、卫生间及封闭阳台处的排水管应采取有效隔声措施。各机电设备、器具宜选用低噪声产品。

2.2.3 尺寸模数

装配式装修应对建筑的主要使用空间和部品部件进行标准化设计，并提高标准化程度，然后在标准化设计的基础上满足个性化需要，向用户提供可选择的装修方案。装配式装修部品部件的定位可通过设置模数网格来控制，部品的定位宜采用界面定位法，应以完成面为空间净尺寸控制线。

装配式装修设计应遵循模数化原则，除应符合现行国家标准《建筑模数协调标准》(GB/T 50002—2013) 和现行行业标准《工业化住宅尺寸协调标准》(JGJ/T 445—2018)、《住宅厨房模数协调标准》(JGJ/T 262—2012)、《住宅卫生间模数协调标准》(JGJ/T 263—2012) 的规定外，装配式装修的模数还宜符合下列要求：

(1) 装配式装修宜与功能空间采用同一模数网格。

(2) 隔墙、墙面、吊顶、楼地面、橱柜、设备、管井等部品部件宜采用 M/2 分模数网格。

(3) 构造节点和部品部件接口等宜采用 M/2、M/5、M/10 分模数网格。

装配式装修设计应协调部品部件的设计、生产和安装过程的尺寸，并对建筑设计模数与部品部件生产制造之间的尺寸进行统筹协调。另外，还应充分考虑部品部件尺寸、结构构件尺寸、装修做法空间尺寸和装修完成面净尺寸等，预留容错尺寸，合理调节材料变形、生产偏差及施工误差。

2.2.4 部品选型

装配式装修部品选型应在建筑设计阶段进行，部品选型时应明确关键技术参数，优选质量稳定、品质高、耐用性强、抗菌防霉的工厂化生产的部品部件。装配式装修应结合使用需求以及生产安装要求，对部品部件的外观效果、规格尺寸、连接方式及使用年限等进行选型和优化设计。

部品应采用标准化产品，提高通用性和互换性，按照模块化和系列化的设计方法，按照少规格、多组合的原则，通过模块组合、色彩纹理、饰面效果、造型线条及软装的搭配满足个性化、多样化需求。部品应具有统一的接口和便于组合的形状及尺寸，连接构造宜遵循可逆安装和无损拆除的设计原则，在建筑全生命周期内满足易维护、可更换的要求，后续使用过程进行局部更换不能影响整体使用功能。

装配式装修部品应选用绿色、节能、低甲醛、低挥发性有机物（VOC）的环保材料，严禁选用明令禁止使用或淘汰的材料和制品。装配式装修部品所用的材料的燃烧性能应符合现行国家标准《建筑防火通用规范》（GB 55037—2022）、《建筑设计防火规范（2018年版）》（GB 50016—2014）、《建筑内部装修设计防火规范》（GB 50222—2017）和《建筑内部装修防火施工及验收规范》（GB 50354—2005）的有关规定，各部位的选材及构造措施应达到相应的燃烧性能和耐火等级。

装配式装修部品与主体结构的连接应牢固，不应损坏结构构件，优先采用预留（预埋）连接件的方式，明确部品之间连接的标准接口类型、规格、接驳方式，应明确配套的部件、零配件构成，避免安装过程损坏结构构件。装配式装修集成设计应充分考虑装修基层、部品部件生产安装过程中的偏差，宜采用可调节的构造或部件消除各种偏差的影响。

2.2.5 室内环境

装配式装修工程应采取有效措施改善和提升室内热湿环境、光环境、声环境和空气环境质量，降低外界不良环境对建筑的影响。装配式装修室内热湿环境应满足各功能空间要求，不应破坏外围护结构的热工性能，应阻断或减少冷桥现象出现。当采用内保温时，宜采用集成化保温系统。当采用干式辐射采暖时，宜与装配式隔墙、装配式吊顶或装配式楼地面集成。装配式装修室内光环境应综合协调天然采光和人工照明，人员活动场所的光环境应满足视觉要求，光环境水平应与使用功能相适应。

装配式楼地面、装配式吊顶、装配式隔墙、内门窗系统应根据不同使用场景的要求采取隔声、吸声等构造措施。如装配式楼地面与结构楼板接触点应采用柔性垫脚，地面、吊顶、隔墙等空腔内可增加隔音棉等材料，隔墙安装应紧贴楼板底或梁底，板缝应密封密实，阻断声音传播等。各机电设备、器具宜选用低噪声产品。管线穿过楼板和墙体的孔洞周边和厨房、卫生间及封闭阳台处的排水管应采取有效隔声措施，如管线穿楼板和穿墙的孔洞周边填缝密实，排水管应采取隔声包覆措施等。装配式装修室内宜采用自然通风和强制通风相结合，设有中央空调或采暖设备时，宜采用补充新风的设备。

装配式装修在设计阶段进行部品选型时，应选用环保等级高的材料和部品。室内装修时，即使使用的各种装修材料、制品均满足各自的污染物环保标准，但是如果过度装修，材料中的污染物大量积累时，室内空气污染物浓度依然会超标。因此，装配式装修工程应在设计阶段对装修材料部品中的各种室内有害物质进行综合评估，并对室内环境空气质量进行预评价。

预评价时可综合考虑室内装修设计方案和空间承载量装修材料的使用量、建筑材料、施工辅助材料、施工工艺、室内新风量等诸多影响室内空气品质的因素，对最大限度能够使用的各种装修材料的数量作出预算，也可根据工程项目设计方案的内容，分析和预测该工程项目建成后存在的危害室内空气品质因素的种类和危害程度，并提出科学、合理和可行的技术对策，作为工程项目改善设计方案和项目建筑材料供应的主要依据，从而根据预评价的结果调整设计方案。

2.3 优先尺寸

优先尺寸是经过模数协调，从优选模数数列中选出的优先使用的标志尺寸。标志尺寸是用以标注建筑物定位线或基准面之间的水平距离和垂直距离，以及工业化建筑的结构系统、外围护系统、内装系统、设备与管线系统相关部品部件安装基准面之间的尺寸。

制作尺寸是工业化建筑的部品部件在生产制作过程中所依据的尺寸，是在标志尺寸的基础上，经与相关节点、接口所需的尺寸协调后，制作部品部件所依据的尺寸。实际尺寸是部品部件经生产制作后实际测得的尺寸，包括了在制作过程中产生的偏差。标志尺寸与制作尺寸、实际尺寸不同，三者的关系如图 2-7 所示。

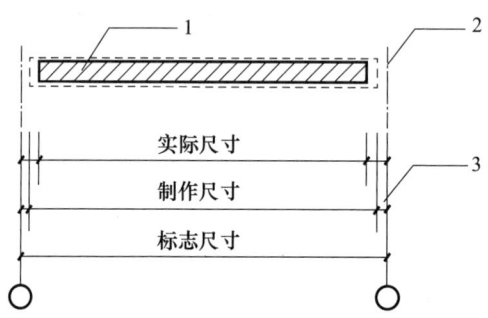

1—部品部件；2—基准面；3—装配空间。

图 2-7 标志尺寸、制作尺寸和实际尺寸的关系

装配式装修部品部件的优先尺寸应在满足其使用功能要求的基础上，根据使用频率以及经济性、适用性原则进行确定，并应符合现行国家标准《建筑模数协调标准》（GB/T 50002—2013）的规定。优先尺寸能够使建筑部品部件的规格数量得到控制，从而使新型工业化建筑产品实现效益最大化。

针对装配式装修主要部品给出详细的优先尺寸，可全面推进装配式装修标准化，有利于全面打通设计、生产和施工环节，建立装修部品标准化体系，实现部品标准化、模数化和系列化，推进全产业链协同发展；有利于建筑主体结构、内装修及部品部件间的尺寸协调，使之具有通用性和互换性，便于后期维护和更换；有利于节约资源能源，提

高施工精度，减少噪声扰民和建筑垃圾，全面提升装配式装修工程的质量；有利于推进建筑工业化、数字化和智能化升级，促进智能制造产业体系形成，加快建造方式转变；有利于推进供给侧结构性改革，引导装配式装修行业健康有序发展，为新型建筑工业化发展提供助力。

2.3.1 装配式隔墙优先尺寸

装配式隔墙应选用非砌筑免抹灰的轻质墙体，按材料和集成化程度分为骨架隔墙、条板隔墙、模块化隔墙三大品类，其他装配式隔墙系统产品可以按照产品特点归类到上述三大品类中。

装配式隔墙尺寸应按模数确定，安装方便、灵活使用，满足二次利用的可持续发展要求。装配式隔墙的宽度宜采用3M模数数列，高度增加宜以M/10为模数数列。装配式隔墙优先尺寸应按表2-1中的要求选取，表2-1中三种装配式隔墙的宽度、高度、厚度如图2-8所示。

表2-1 装配式隔墙的优先尺寸

序号	隔墙种类	优先尺寸（单位：mm）		
		宽度	高度	厚度
1	条板隔墙	600、900、1200	2400、2500、2600、2700、2800、3000	90、100、120、150、200
2	龙骨隔墙	600	2400、2500、2600、2700、2800、3000	50、75、100
3	模块化隔墙	600、900、1200	2400、2500、2600、2700、2800、3000	100、120、150、200

注：本表格中所指高度为隔墙部品高度，非墙体高度；厚度不包含饰面做法厚度。

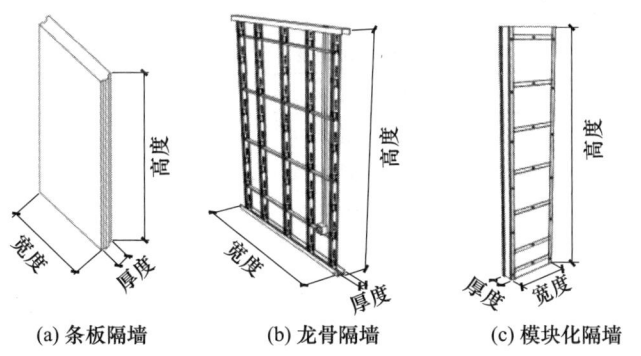

(a) 条板隔墙　　(b) 龙骨隔墙　　(c) 模块化隔墙

图2-8 装配式隔墙部品尺寸示意

装配式隔墙应与相关结构连接牢固，并应与开关、插座、设备管线等设计相协调。装配式隔墙中的电气点位、水点位的常用配置及安装高度应分别符合表2-2、表2-3的规定。

表 2-2 装配式隔墙强弱电点位常用配置及安装高度

插座类型	空间	插座功能	高度（单位：mm）
强电插座	客厅	沙发插座2个	700
		电视插座2个	300
		空调插座1个	300
		扫地机器人插座1个	300
	餐厅	餐厅插座1个	300
		空调插座1个	2100
	卧室	床头插座2个	700
		电视插座1个	300、600
		空调插座1个	2100
		备用插座1个	300
	厨房	抽烟机插座1个	2000
		冰箱插座1个	300
		燃气热水器插座1个	2000
		厨余垃圾处理器插座1个	500
		厨宝插座1个	500
		洗碗机插座1个	500
		净水机插座1个	500
		灶台插座2个	1300
		燃气报警器插座1个	500
	公共卫生间	吹风机插座1个	1300
		洗衣机插座1个	1300
		太阳能储水罐插座1个	2000
		电热水器插座1个	2000
		坐便器插座1个	400
	主卧卫生间	吹风机插座1个	1300
		坐便器插座1个	400
	玄关	玄关插座	1300
	储物间	备用插座1个	300
	阳台	洗衣机插座	1300
		备用插座1个	300
弱电插座	客厅	电视信号插座1个	300
		紧急呼叫插座1个	700
		电话网络双孔信息插座1个	300
	玄关	语音对讲1个（带可视功能）	1500
	卧室	电视信号插座1个	300
		电话、网络双控信息插座1个	300
其他	书桌区域	强电插座1个、网络插座1个	300

注：电气点位配置高度指底边距地面正负零距离。

表 2-3　装配式隔墙给水点位点位常用配置及安装高度

空间		点位功能	高度（单位：mm）
给水点位	卫生间	坐便器角阀	200
		淋浴器阀门	1500
		洗手盆阀门	450
		洗衣机龙头	1200
		电热水器角阀	1600
	厨房	洗菜盆角阀	450
		燃气热水器角阀	1400
		洗碗机角阀	400
		净水器角阀	400
	阳台	洗衣机龙头	1100
		拖布龙头	450
		洗手台龙头	1100

注：水点位配置高度指中心距地面正负零距离。

装配式隔墙需要固定或吊挂物件，应预先确定固定点的位置、形式和荷载，并结合装配式隔墙类型，采取可靠的固定措施。龙骨隔墙的加固板（如图 2-9 所示）应与竖向及横向龙骨协同设计，加固板宜与墙面板同厚度，且板厚宜设置两根以上龙骨固定。加固板的优先尺寸及距地高度（加固板下边缘到地面装饰完成面的距离）应按表 2-4 选取。

图 2-9　装配式隔墙加固板示意

表 2-4　装配式龙骨隔墙加固板的优先尺寸

加固板名称	优先尺寸（宽×高，单位：mm）	优先安装高度（单位：mm）
电视加固板	800×300	800
空调加固板	800×400	2000
分集水器加固板	600×400	220
烟机加固板	600×350	1500、1800
电热水器加固板	600×300	1850

注：其他特定加固方式应依据产品功能确定，宜与墙面板同厚度；并根据吊挂力与荷载做具体限定。

2.3.2 装配式墙面优先尺寸

装配式墙面是由工厂生产并在现场采用干式工法组合安装而成的集成化墙面,一般由连接构造和面层板构成。装配式墙面系统常用构造如图2-10所示。装配式墙面应采用集成饰面层的一体化板,饰面层可根据需求选择涂料、壁纸、壁布、面砖、陶瓷薄板、薄石材等材料,饰面层应在工厂内完成,且饰面层应与基层材料相容、粘贴牢固。常用墙面板复合形式如图2-11所示。

装配式墙面的安装空间与是否敷管线和墙面平整度相关。装配式墙面安装做法厚度常用尺寸为30~40mm(无线盒墙面系统)、50~60mm(有线盒墙面系统)。墙面系统的模数尺寸应按模数确定,安装方便、灵活使用,满足二次利用的可持续发展要求。墙面板的宽度宜采用3M的模数数列,其高度增加宜以M/10为模数数列。装配式墙面的优先尺寸见表2-5。

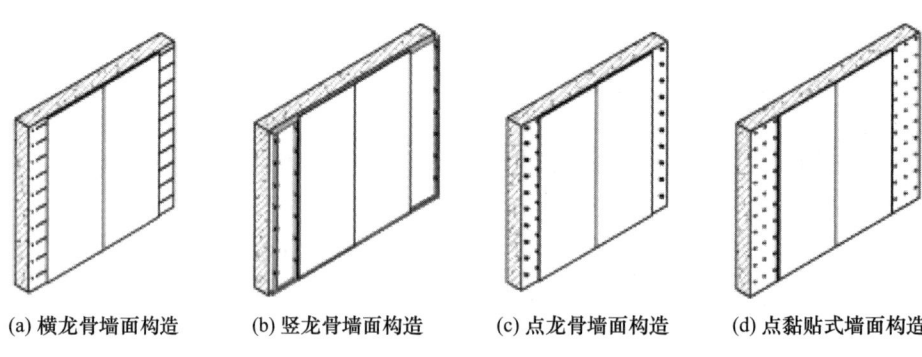

图2-10 装配式墙面构造示意

(a) 横龙骨墙面构造　(b) 竖龙骨墙面构造　(c) 点龙骨墙面构造　(d) 点黏贴式墙面构造

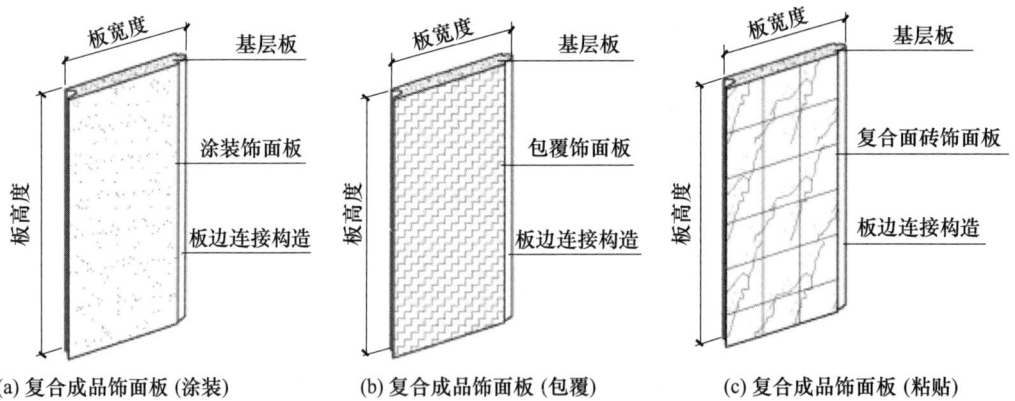

(a) 复合成品饰面板(涂装)　(b) 复合成品饰面板(包覆)　(c) 复合成品饰面板(粘贴)

图2-11 装配式墙面饰面层示意

表2-5 装配式墙面的优先尺寸

序号	种类	优先尺寸(单位:mm)		
		宽度	高度	厚度
1	有机基材墙面板	600、900、1200	2400、2500、2600、2700、2800	8、10、12、15
2	无机基材墙面板	600、900、1200	2400、2500、2600、2700、2800	8、10、12、15

续表

序号	种类	优先尺寸（单位：mm）		
		宽度	高度	厚度
3	金属基材墙面板	900、1200	2400、2500、2600、2700、2800	0.8、0.9
4	复合墙面板	600、900、1200	2400、2500、2600、2700、2800	10、15、35、40

注：墙面板产品类型多样，尤其是复合墙面板，材料复合工艺不同，厚度尺寸更为多样化，除本表格中的常见厚度优先尺寸外，可根据需求选用产品。

2.3.3 装配式楼地面优先尺寸

装配式楼地面通常由支撑调平层、基层、饰面层组成，按照是否采暖及架空可分为采暖架空楼地面、非采暖架空楼地面和非架空干铺楼地面，其中采暖架空楼地面按照结构形式分为集成模块类采暖架空楼地面和分层类采暖架空楼地面。集成模块类采暖架空楼地面的构造如图2-12所示，分层类采暖架空楼地面的构造如图2-13所示，非采暖架空楼地面的构造如图2-14所示。

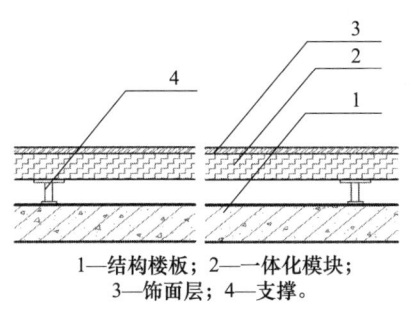

1—结构楼板；2—一体化模块；
3—饰面层；4—支撑。

图 2-12 集成模块类采暖架空楼地面构造

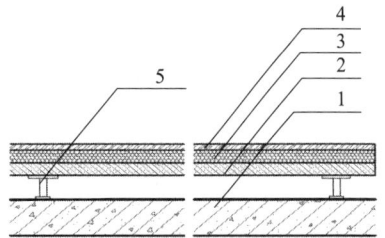

1—结构楼板；2—基层板；3—采暖模块层；
4—饰面层；5—支撑。

图 2-13 分层类采暖架空楼地面构造

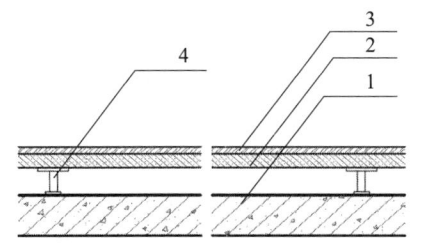

1—结构楼板；2—基层板；3—饰面层；4—支撑。

图 2-14 非采暖架空楼地面构造

装配式楼地面的连接构造应稳定、牢固，承载能力满足使用要求。架空楼地面支撑的高度调节范围应为20～280mm，网格支撑的高度调节范围应为60～80mm。采暖架空楼地面模块的优先尺寸见表2-6。非采暖架空楼地面模块的优先尺寸见表2-7。非架空干铺楼地面模块的优先尺寸可参照表2-6、表2-7执行。

表 2-6 采暖架空楼地面模块的优先尺寸

种类	产品名称		优先尺寸（单位：mm）	
			模块厚度	模块规格
集成模块类采暖架空楼地面系统	型钢复合架空模块		40	400×2400
	水泥板复合架空模块		40	600×600、600×1200
分层类采暖架空楼地面系统	板材支撑架空模块	基层板	16、18、20、25	600×600、600×1200
		采暖层	25、30、40	
	网格支撑架空模块	基层板	30、40、50	600×600、600×1200
		采暖层	25、30、40	

表 2-7 非采暖架空楼地面模块的优先尺寸

序号	产品名称	优先尺寸（单位：mm）	
		模块厚度	模块规格
1	型钢复合架空模块	30	400×2400
2	板材支撑架空模块	16、18、20、25	600×600、600×1200
3	网格支撑架空模块	30、40、50	600×600、600×1200

2.3.4 装配式吊顶优先尺寸

装配式吊顶可分为金属板吊顶和无机板吊顶。装配式吊顶承载力应满足使用要求，连接构造应稳定、牢固，并应符合《建筑用集成吊顶》（JG/T 413—2013）的相关要求。装配式吊顶的优先尺寸见表 2-8。

表 2-8 装配式吊顶的优先尺寸

类型	优先尺寸（单位：mm）		
	长	宽	厚
金属板吊顶	300、450、600、900、1200、1800	300、450、600	0.6、0.8
无机板吊顶	1200、1800、2100、2400	300、400、600	板材类型多样，工艺不同，厚度尺寸可根据需求确定

2.3.5 集成厨房优先尺寸

集成厨房应根据人体工程学原理及使用功能合理布局，采用标准化、模块化的方法进行精细化设计。集成厨房的布置类型有单排型、双排型、L 型及 U 型，如图 2-15 所示。

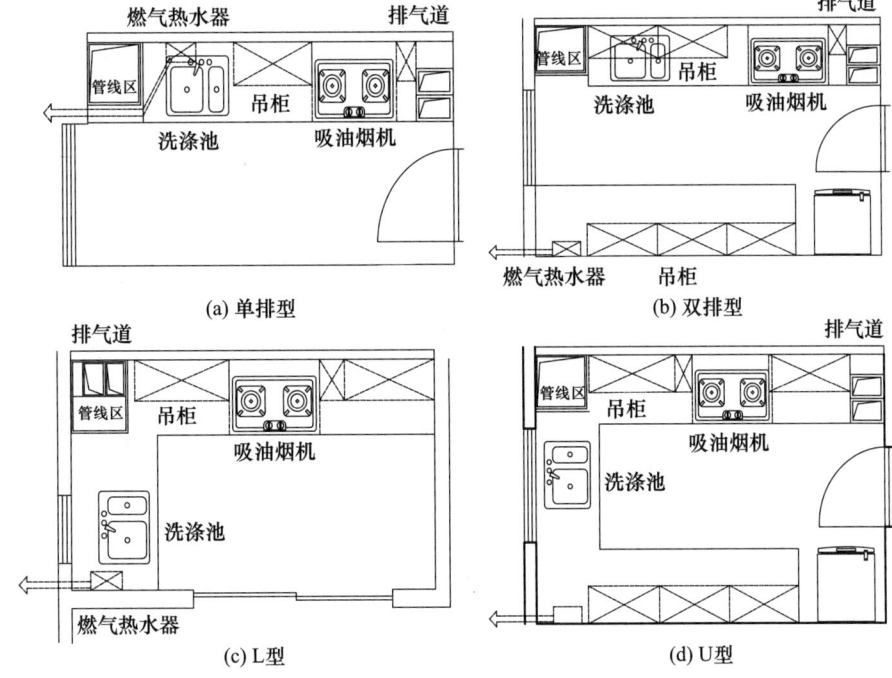

图 2-15 集成厨房布置类型示意

集成厨房的尺寸应以空间净尺寸为基准,其中净高不宜低于 2200mm。根据人体工程学原理和厨房洗涤、操作、烹饪等功能区域的尺度,长度和宽度方向的优先尺寸见表 2-9,其中,单排型和双排型的尺寸类型 4 分别是无障碍要求单排型和双排型集成厨房的优先尺寸,L 型的尺寸类型 5 是无障碍要求 L 型集成厨房的优先尺寸,U 型的尺寸类型 4、5 是无障碍要求 U 型集成厨房的优先尺寸。

表 2-9 集成厨房的平面优先尺寸

集成厨房的布置类型	尺寸类型	长度(单位:mm)	宽度(单位:mm)
单排型	1	2700	1500
	2	3000	1500
	3	3200	1500
	4	2700	2100
双排型	1	2400	2100
	2	2700	2100
	3	3000	2100
	4	2700	2400
L 型	1	2100	1500
	2	2700	1500
	3	2700	1800
	4	3000	1800
	5	2700	2100

续表

集成厨房的布置类型	尺寸类型	长度（单位：mm）	宽度（单位：mm）
U 型	1	3000	1800
	2	2700	2100
	3	3000	2100
	4	2700	2400
	5	3000	2400

集成厨房墙面、地面、顶面的优先尺寸应符合装配式隔墙、装配式墙面、装配式地面及装配式吊顶的规定。集成橱柜的优先尺寸见表 2-10。地柜台面与吊柜底面的净空尺寸不宜小于 700mm，且不宜大于 800mm。洗涤池与灶台之间的操作区域有效长度不宜小于 600mm；灶具柜设计应考虑燃气管道及排油烟机排气口位置，灶具柜外缘与燃气主管道水平距离应不小于 300mm，左右外缘至墙面之间距离应不小于 150mm，灶具柜两侧宜有存放调料的空间及放置锅具等容器的台位。集成厨房燃气热水器左右两侧应留有 200mm 以上净空，正面应留有 600mm 以上净空；燃气热水器与燃气灶具的水平净距不得小于 300mm。

表 2-10 集成厨房的橱柜优先尺寸

橱柜类型	尺寸（单位：mm）
地柜台面高度（完成面）	800、850、900
地柜深度	550、600、650
辅助台面的高度（完成面）	800、850、900
辅助台面的深度	300、350、400、450
吊柜的高度	700、750、800
吊柜的深度	300、350

满足乘坐轮椅等特殊人群要求的厨房尺寸设计除应符合现行国家标准《无障碍设计规范》（GB 50763—2012）的规定外，尚应符合下列规定：

（1）厨房的净宽应不小于 2000mm，且轮椅回转直径应不小于 1500mm。

（2）布置双排地柜的厨房通道净宽应不小于 1500mm，通道应能满足轮椅的回转活动。

（3）地柜高度不宜大于 750mm，深度宜为 600mm，地柜台面下方净高和净宽应不小于 650mm，净深应不小于 350mm。

（4）吊柜底面到地面高度应不大于 1200mm，深度应不大于 250mm。

（5）燃气热水器的阀门及观察孔高度应不大于 1100mm；排油烟机的开关应为低位式开关。

（6）宜在集成厨房操作区域的墙面适宜位置设置长度不小于 1000mm、宽度为 300mm 左右的加强板，为悬挂厨具等提供条件。

2.3.6 集成卫生间优先尺寸

集成卫生间应根据人体工程学原理及使用功能合理布局，采用标准化、模块化的方法进行精细化设计，宜满足老年人、残疾人和儿童的使用需求，按需要配置相应设施。集成卫生间的一般功能类型有单功能、两功能、三功能、多功能，见表2-11和如图2-16所示。

表2-11 集成卫生间功能类型表

类型	功能
单功能类型	①淋浴型，②如厕型，③洗漱型
两功能类型	①淋浴、浴盆型，②淋浴、洗漱型，③淋浴、如厕型，④盆浴、如厕型，⑤盆浴、洗漱型，⑥如厕、洗漱型，⑦洗漱、洗衣家务型
三功能类型	①淋浴、如厕、洗漱型，②盆浴、如厕、洗漱型
多功能类型	①淋浴、如厕、洗漱、洗衣家务型，②盆浴、如厕、洗漱、洗衣家务型，③淋浴、盆浴、如厕、洗漱、洗衣家务型

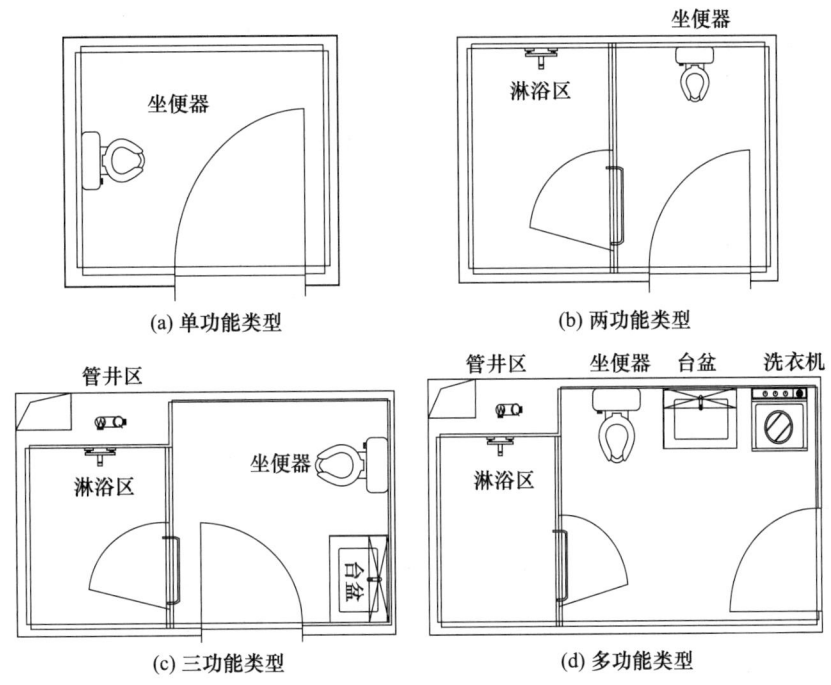

图2-16 集成卫生间布置类型示意

集成卫生间的尺寸应以空间净尺寸为基准，其中净高不宜低于2200mm。根据人体工程学原理和模数协调要求，集成卫生间长度和宽度方向的优先尺寸见表2-12。

表2-12 集成卫生间的平面优先尺寸

集成卫生间功能类型	长度（单位：mm）	宽度（单位：mm）
单功能：淋浴型/如厕型/洗漱型	800	1200
	900	1400
两功能：淋浴（盆浴）、如厕型	1200	1600
	1400	1600、1800
	1600	1800

续表

集成卫生间功能类型	长度（单位：mm）	宽度（单位：mm）
三功能：淋浴（盆浴）、如厕、洗漱型	1400	2000、2400、2600
	1600	1800、2000、2200、2400、2600
	1800	1800、2000、2200、2600
	2000	2200
多功能：淋浴（盆浴）、如厕、洗漱、洗衣家务型	1600	2600
	1800	2600

集成卫生间墙面、地面、顶面的优先尺寸应符合装配式隔墙、装配式墙面、装配式地面及装配式吊顶的规定。集成卫生间墙面预留安装尺寸可按表2-13确定，墙面构造示意如图2-17、图2-18所示。集成卫生间地面预留安装尺寸可按表2-14确定，排水方式及地面构造示意如图2-19、图2-20、图2-21所示。集成卫生间顶面预留安装尺寸可按表2-15确定。

表2-13 集成卫生间墙面预留安装尺寸

墙面类型	材质	预留安装尺寸（单位：mm）
单材质墙板	硅酸钙饰面板	≤50
复合墙板	瓷砖饰面、岩板饰面、石材饰面等	≤60

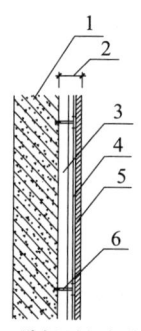

1—建筑墙体；2—壁板预留安装空间；3—管线；
4—防水隔膜；5—单材质墙板；6—调平构件。

图2-17 集成卫生间墙面构造示意图
（单材质墙板类）

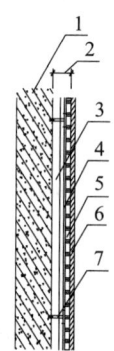

1—建筑墙体；2—壁板预留安装空间；3—管线；
4—防水隔膜；5—基层板；6—复合墙板；7—调平构件。

图2-18 集成卫生间墙面构造示意图
（复合墙板类）

表2-14 集成卫生间地面预留安装尺寸

排水方式	地面类型	预留安装尺寸（单位：mm）
同层排水（坐便器后排水）	合成材料一体防水底盘	<120
	复合瓷砖地面	<130
	复合石材地面	<150

续表

排水方式	地面类型	预留安装尺寸（单位：mm）
同层排水 （坐便器下排水）	合成材料一体防水底盘	<220
	复合瓷砖地面	<230
	复合石材地面	<250
异层排水	合成材料一体防水底盘	<60
	复合瓷砖地面	≤70
	复合石材地面	≤100

注：1. 同层排水高度需结合预留安装尺寸和建筑施工误差统筹考虑。
2. 采用同层排水时，排污立管处三通标高及朝向须根据卫生间布局统筹设计。采用后排水坐便器时，宜在排污立管分设坐便器三通和其他淋浴、洗面盆等排水使用的三通。
3. 结构楼地面至卫生间地面完成面的最小构造高度，与支撑结构类型、面积大小、排水方式及饰面层材料厚度尺寸相关联。

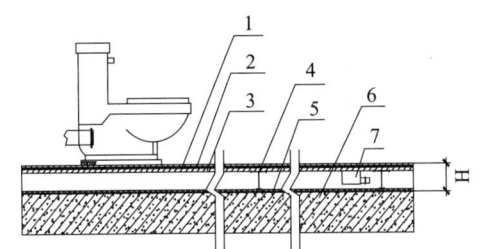

1—饰面层；2—整体防水底盘；3—受力结构；
4—支撑及调节；5—防水及保护层；6—结构楼板；
7—淋浴、洗衣机等排水。

图2-19 集成卫生间同层排水示意图
（坐便器后排水）

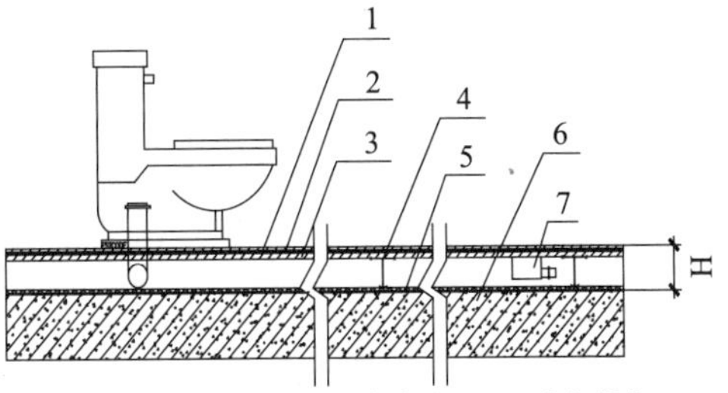

1—饰面层；2—整体防水底盘；3—受力结构；
4—支撑及调节；5—防水及保护层；6—结构楼板；
7—淋浴、洗衣机等排水。

图2-20 集成卫生间同层排水示意图
（坐便器下排水）

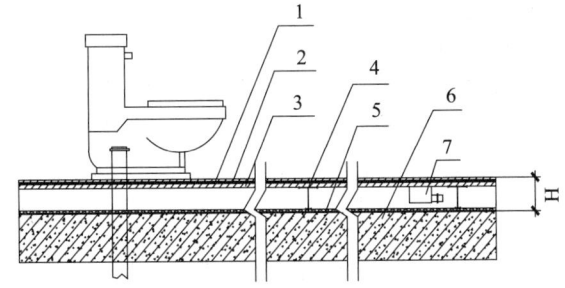

1—饰面层；2—整体防水底盘；3—受力结构；4—支撑及调节；
5—防水及保护层；6—结构楼板；7—淋浴、洗衣机等排水。

图2-21 集成卫生间异层排水示意图

表2-15 集成卫生间顶面预留安装尺寸

顶板类型	基材优先尺寸（单位：mm）			预留安装尺寸 （单位：mm）
	长度	宽度	厚度	
金属集成吊顶	300、600	300	0.6、0.8	80、100、120
耐水石膏板	—	—	9.5、12	40、80
硅酸钙板	1200、1800、2100、2400	600	5	≤50

注：预留安装尺寸仅为顶板自身安装尺寸，顶部空间预留需综合考虑管线和电气设备等其他因素。

当集成卫生间设置窗洞口时,窗洞口的开设位置应满足卫生间内部空间布局的要求,窗垛尺寸不宜小于 100mm。窗洞口应开设在集成卫生间内部完成面范围内,窗洞口上沿高度宜低于集成卫生间顶板下沿 50mm 以上。集成卫生间门洞口的开设位置应满足卫生间内部空间布局的要求,预留门垛尺寸不宜小于 100mm,外围合墙体门洞口中心线应与集成卫生间门洞口中心线重合,且误差应小于 10mm。

2.3.7 收纳优先尺寸

收纳空间的水平方向及竖向宜采用基本模数,并以 M/10 为模数增量。住宅收纳部品优先尺寸可按表 2-16 确定。

表 2-16 收纳部品优先尺寸

名称	长度(单位:mm)	深度(单位:mm)	高度(单位:mm)
鞋柜	600、900、1200	170、240、350、400	800、900
衣帽柜	900、1200	450、600	2200、2400
组合柜	900、1200	350、400、450、600	2200、2400
功能柜	600、900、1200、1800、2100	350、400、450	400、600、1800
展示柜	300、450、600、750、900	350、400	2400
书柜	1000、1200、1500、1800	350、400	1800
衣柜	600、900、1200、1500、1800	550、600	2200、2400
书桌柜	600、750、900、1200	300、350、400	900、2400
收纳柜	750、900、1200、1500	600	1100、2400

2.3.8 内门窗优先尺寸

建筑门窗部品应满足住宅建筑使用的基本性能要求,门窗的设计尺寸应采用门窗洞口宽度和高度的标志尺寸,即门窗洞口的净宽和净高。门窗宽度和高度的尺寸数列宜为基本模数 1M 的倍数。内门的优先尺寸见表 2-17,内窗的优先尺寸见表 2-18。门窗部品与门窗洞口之间应进行尺寸协调,门窗部品与门窗洞口之间的预留接口尺寸不应大于 15mm,也不应小于 10mm。

表 2-17 内门优先尺寸

部位	宽度(单位:mm)	高度(单位:mm)
户门	1100	2100、2200
	1200	2100、2200
	1300	2200
卧室门	900	2100、2200
	1000	2100、2200
厨房门	800	2100、2200
	900	2100、2200
	1500	2100、2200

续表

部位	宽度（单位：mm）	高度（单位：mm）
卫生间门	800	2100、2200
	900	2100、2200
阳台门（单扇）	700	2100、2200、2300
	800	2100、2200、2300
	900	2100、2200、2300

表 2-18　内窗优先尺寸

部位	宽度（单位：mm）	高度（单位：mm）
卫生间	600	2100、2200
	650	2100、2200
	700	2100、2200
	750	2100、2200
厨房	700	2100、2200
	900	2100、2200
	1200	2100、2200
	1500	2100、2200

2.3.9　设备及接口优先尺寸

装配式装修室内设备及接口的优先尺寸见表 2-19。

表 2-19　设备及接口的优先尺寸

设备名称	安装构造	材质	规格及参数
燃气灶	嵌入式	不锈钢	1 级能效；额定热流量 4600W；面板尺寸 760mm×450mm；开孔尺寸 685mm×385mm；热效率≥63%；CO（ppm）：≤300
		玻璃	
		不锈钢	2 级能效；额定热流量 4200W；面板尺寸 730mm×410mm；开孔尺寸 635mm×350mm；热效率≥59%；CO（ppm）：≤300
		玻璃	
		不锈钢	2 级能效；额定热流量 4000W；面板尺寸 730mm×410mm；开孔尺寸 635mm×350mm；热效率≥59%；CO（ppm）：≤300
		玻璃	
	上置式	不锈钢	2 级能效；额定热流量 3800W；面板尺寸 703mm×390mm；热效率≥59%；CO（ppm）：≤300
电磁炉			面板尺寸：324mm×384mm；3500W
			面板尺寸：280mm×360mm；2200W
			面板尺寸：280mm×290mm；2200W

续表

设备名称	安装构造	材质	规格及参数
	排烟方式	材质	规格
抽烟机	上吸	金属烤漆	外形尺寸 710mm×460mm×500mm；功率 200W；排风量 12m³/min；风管直径 160mm
		不锈钢	外形尺寸 900mm×520mm×650mm；功率 1350W；排风量 18m³/min；风管直径 180mm；一级能效
			外形尺寸 900mm×520mm×650mm；功率 250W；排风量 16m³/min；风管直径 175mm；一级能效
			外形尺寸 900mm×520mm×580mm；功率 200W；排风量 16m³/min；风管直径 160mm；一级能效
		玻璃面板	外形尺寸 890mm×500mm×650mm；功率 180W；排风量 12m³/min；风管直径 160mm；二级能效
	侧吸	蒸汽洗	外形尺寸 900mm×458mm×960mm；功率 1500W；排风量 18m³/min；风管直径 180mm；一级能效
		玻璃面板	外形尺寸 900mm×455mm×915mm；功率 210W；排风量 17m³/min；风管直径 180mm；一级能效
		不锈钢	外形尺寸 710mm×482mm×660mm；功率 210W；排风量 12m³/min；风管直径 100mm；二级能效
	加热方式	容量	规格
热水器	燃气热水器	12L	外形尺寸 575mm×360mm×130mm；热负荷 2100W；产热水能力 12kg/min；一级能效
			外形尺寸 590mm×350mm×150mm；热负荷 2400W；产热水能力 12kg/min；二级能效
			外形尺寸 575mm×360mm×100mm；热负荷 2300W；产热水能力 12kg/min；二级能效
		16L	外形尺寸 590mm×360mm×150mm；热负荷 2600W；产热水能力 16kg/min；一级能效
			外形尺寸 575mm×360mm×100mm；热负荷 2300W；产热水能力 16kg/min；二级能效
	电热水器	40L	外形尺寸 588mm×414mm×408mm；功率 1800W；容量 40L；二级能效
		50L	外形尺寸 739mm×420mm×468mm；功率 2000/3000W；容量 50L；一级能效
			外形尺寸 739mm×390mm×390mm；功率 2000W；容量 50L；二级能效
			外形尺寸 692mm×414mm×408mm；功率 1800W；容量 50L；二级能效
		60L	外形尺寸 866mm×430mm×510mm；功率 2000/3000W；容量 60L；一级能效
			外形尺寸 843mm×420mm×468mm；功率 2000/3000W；容量 60L；一级能效
			外形尺寸 796mm×414mm×408mm；功率 1800W；容量 60L；二级能效

续表

设备名称	安装构造	材质	规格及参数			
	供热方式	功能	规格			
浴霸	风暖	照明风暖	智能温显，PTC发热体；额定功率：2450W，尺寸：300mm×300mm			
		照明风暖新风	双电机，智能温显，PTC发热体；额定功率：2450W，尺寸：300mm×600mm			
	灯暖	照明灯暖	四灯经典机型，黄金泡；额定功率：1180W，尺寸：305mm×305mm			
		照明灯暖	四灯经典机型；额定功率：1180W，尺寸：305mm×305mm			
分集水器	进水部件		2回路	3回路	4回路	5回路
	长度		345mm	395mm	445mm	495mm
	回水部件		2回路	3回路	4回路	5回路
	长度		202mm	252mm	302mm	352mm
设备接口尺寸	空调		50mm孔			
	净水		20mm管	10mm管		
			40mm孔	20mm孔		
	新风机		180mm孔			

第3章 装配式隔墙应用技术详解

3.1 设计要求

装配式隔墙应选用非砌筑免抹灰的轻质墙体，按材料和集成化程度分为龙骨隔墙、条板隔墙、模块化隔墙或其他干式工法施工的隔墙。宜采用墙体、管线、装饰一体化设计，并应考虑与地面、顶面、家具及收纳功能的衔接处理。

装配式隔墙应满足功能性、环境性、安全性和耐久性的质量要求，应满足防火、防水、隔声、保温、抗冲击、抗折、抗开裂等性能要求。装配式隔墙应与相关结构连接牢固、便于安装，应与开关、插座、设备管线等设计相协调。不同设备管线安装及开洞处理穿过隔墙时，应采取必要的加固、隔声、减振或防火封堵措施。

龙骨隔墙，在设计时应根据隔声性能、设备设施安装明确隔墙厚度，同时应明确各种龙骨的规格型号。隔墙内应根据使用部位要求填充防火及隔声材料，填充材料宜选用岩棉、玻璃棉等不燃材料。墙面板宜采用耐水饰面一体化集成板。有防水、防潮要求的房间隔墙应采取相应措施，门与板交界处、板缝之间应做防水处理。在用水房间或潮湿环境，可采用聚乙烯薄膜为填充材质提供防潮保护。龙骨隔墙的骨架布置应满足墙体强度的要求，骨架应进行强度和稳定性验算，并采取相应的构造措施。龙骨隔墙需要固定或吊挂物件时，应预先确定固定点的位置、形式和荷载，调整龙骨间距、增设龙骨横撑或预埋木方、实体灌芯等措施为外挂安装提供条件。门窗洞口、墙体转角连接处等部位的骨架应进行加强处理。

条板隔墙设计时应根据房间的使用功能和条板的使用部位，确定隔墙的材料和厚度，60mm及以下厚度的条板不得用于单层隔墙。单层条板隔墙用作分户墙时，其厚度不应小于120mm，用作户内分室隔墙时，其厚度不宜小于90mm。双层条板隔墙的条板厚度不宜小于60mm，两板间距宜为10～50mm，可作为空气层或填入吸声、保温等功能材料。对于双层条板隔墙，两侧墙面的竖向接缝错开距离不应小于200mm，两板间应采取连接、固定加强措施。条板隔墙宜与设备管线的安装敷设相结合，避免墙体表面的剔凿。有防水设计要求的条板隔墙下端应做C20细石混凝土条形墙垫，且墙垫高度不应小于100mm，并做泛水处理，防止潮湿环境下，隔墙出现强度降低、烂根、起鼓、脱皮等问题。当条板隔墙需要吊挂重物和设备时，不得单点固定，应采取必要的加固措施，固定点间距应大于300mm。用作固定和加固的预埋件和锚固件均应做防腐或防锈处理。

模块化隔墙是一种将支撑构造、填充材料、设备管线、饰面层高度集成的一体化新型隔墙体系，支撑构造设计、填充材料和墙板的技术要求与龙骨隔墙相同，设备管线按照设计要求提前预埋在隔墙内部。

3.2 部品构成

3.2.1 龙骨隔墙部品构成

龙骨隔墙（如图 3-1 所示）主要由组合支撑件、连接件、填充件、预加固件等构成。

图 3-1 龙骨隔墙示意

（图片来源：由北京和能人居科技有限公司提供）

1. 组合支撑件

龙骨隔墙部品的组合支撑件由天地轻钢龙骨、竖向轻钢龙骨和横向轻钢龙骨连接而成（如图 3-2 所示）。

(a) 天地轻钢龙骨　　(b) 竖向轻钢龙骨　　(c) 横向轻钢龙骨

图 3-2 组合支撑件

2. 连接件

轻钢龙骨与墙顶、地面等结构体的连接件，通常为塑料胀塞螺丝（如图 3-3（a）所示）。龙骨之间的连接件，通常为磷化自攻螺丝（如图 3-3（b）所示）。

3. 填充件

隔墙内填充件主要起到吸音、降噪作用，居住建筑主要采用岩棉（如图 3-4（a）所示），公共建筑主要应用玻璃棉（如图 3-4（b）所示）。

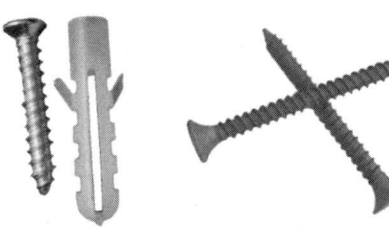

(a) 塑料胀塞螺丝　　　　(b) 磷化自攻螺丝

图 3-3　连接件

(a) 岩棉　　　　　　　　(b) 玻璃棉

图 3-4　填充件

4. 预加固件

龙骨隔墙上需要设置吊挂点时，根据部品安装的规格预埋加固板，加固板与支撑体应结合牢固，通常采用具有防火性能的木质多层板（如图 3-5 所示）。

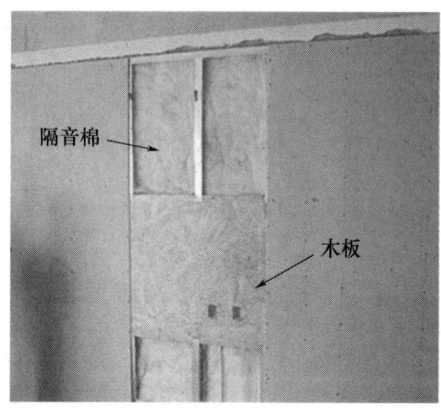

图 3-5　龙骨隔墙加固板示意

3.2.2　条板隔墙部品构成

条板隔墙（如图 3-6 所示）主要是由轻质隔墙板、L 型连接件、U 型卡、钩头螺栓等构成。

1. 轻质隔墙板

轻质隔墙板种类较多，通常采用蒸压加气混凝土板。蒸压加气混凝土板是以硅质和钙质材料（如砂、水泥、石灰、粉煤灰等）为主要原材料，以铝粉为发泡剂，根据受力要求配置防腐处理的钢筋网片，经配料、搅拌、浇筑、预养、切割和高温高压养护等工艺过程而制成的多孔硅酸盐混凝土墙板（如图 3-7 所示）。

图 3-6　条板隔墙示意
（图片来源：由山东天玉建材科技
股份有限公司提供）

图 3-7　轻质隔墙板
（图片来源：由山东天玉建材科技
股份有限公司提供）

2. 连接件

轻质隔墙板与主体结构之间通常采用 U 型卡、L 型连接件固定，接缝需要设置网格布防止开裂（如图 3-8 所示）。

图 3-8　网格布、L 型连接件和 U 型卡
（图片来源：由山东天玉建材科技股份有限公司提供）

3.2.3　模块化隔墙部品构成

模块化隔墙是通过一体化设计，在工厂预制集成的模块化隔墙产品。模块化隔墙部品主要由模块化隔墙板、支撑连接件等构成，表面装饰层面可以是涂料、壁纸或其他装饰材料（如图 3-9 所示）。

1. 模块化隔墙板

模块化隔墙板通过将支撑构造、填充材料、设备管线集于一体，减少现场施工工序，降低管理成本（如图 3-10 所示）。

2. 连接部件

模块化隔墙的连接部件为天地轻钢龙骨（如图 3-2（a）所示）。

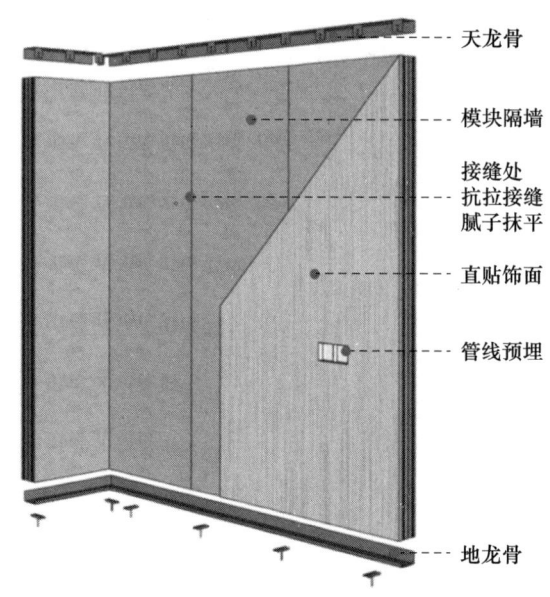

图 3-9 模块化隔墙示意
(图片来源:由北京和能人居科技有限公司提供)

图 3-10 模块化隔墙部品示意
[图片来源:由北京和能人居科技有限公司、中建八局建筑科技(山东)有限公司提供]

3.3 连接构造

3.3.1 龙骨隔墙连接构造

龙骨隔墙通常采用塑料胀塞螺丝、磷化自攻螺丝或其他连接件将龙骨与主体结构连接固定(如图 3-11 所示),连接件应具有连续调平功能,以适应连接部位偏差。

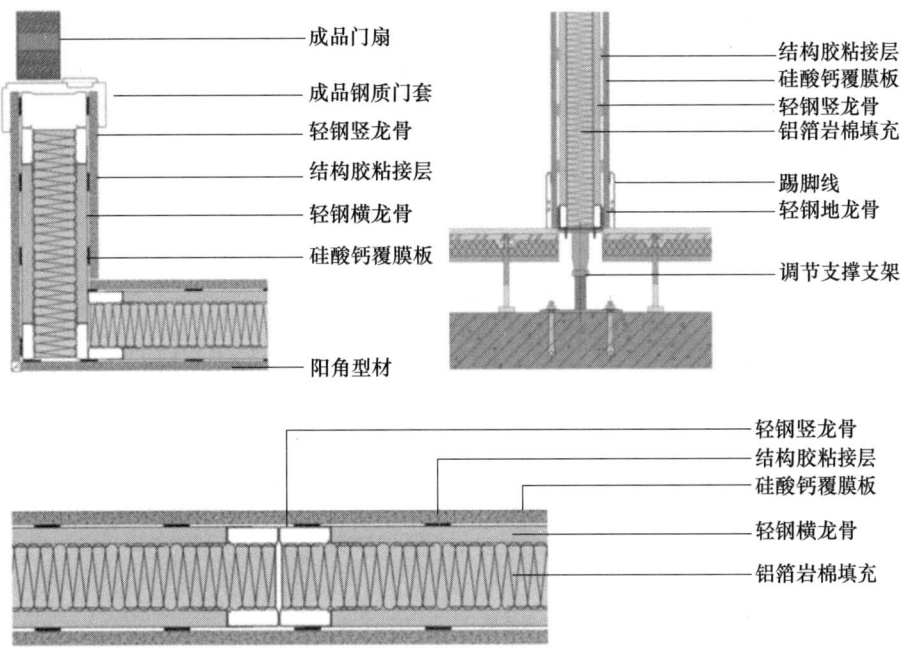

图 3-11 龙骨隔墙连接构造示意

[图片来源：由中建八局建筑科技（山东）有限公司提供]

3.3.2 条板隔墙连接构造

条板隔墙的安装通常采用 U 型卡、L 型连接件与主体结构连接固定（如图 3-12 所示），板缝处理则使用粘结砂浆或粘结剂进行粘结，并用胶泥刮缝。

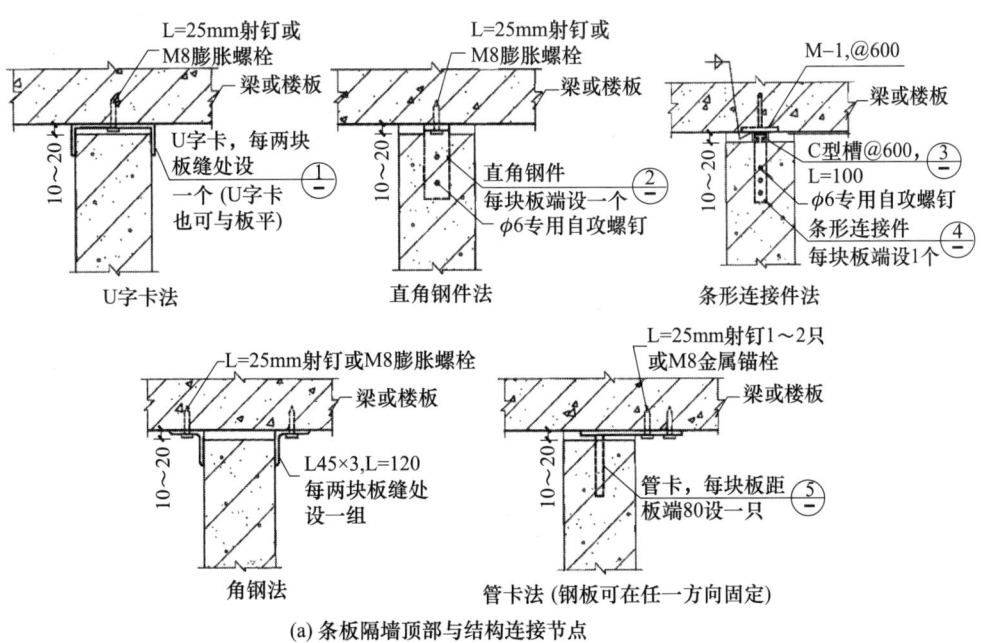

(a) 条板隔墙顶部与结构连接节点

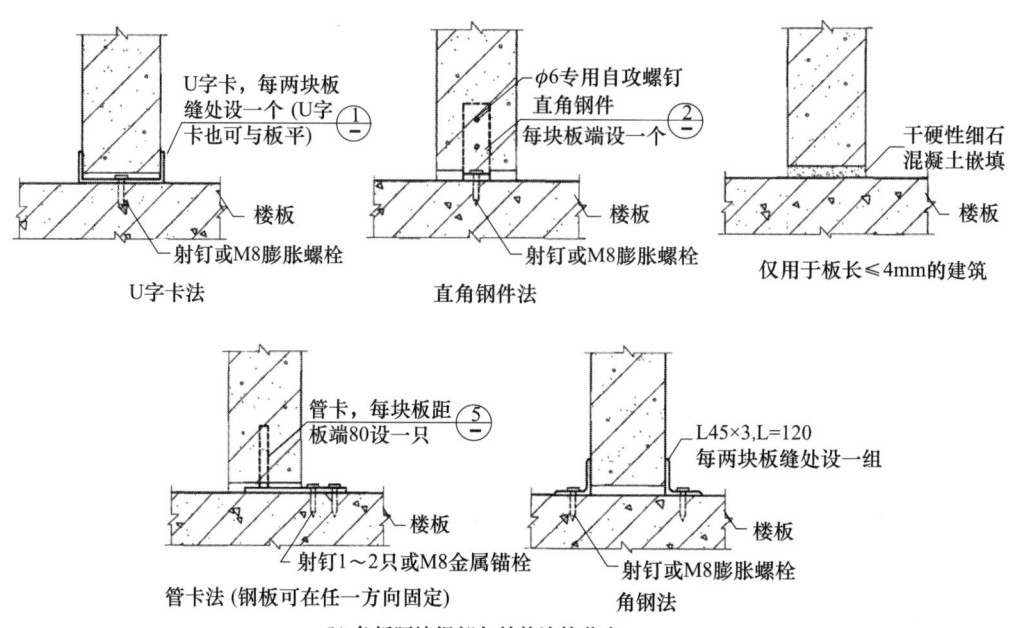

(b) 条板隔墙根部与结构连接节点

图 3-12 条板隔墙连接构造示意

3.3.3 模块化隔墙连接构造

墙板与墙板之间可采用卡件型材连接件进行暗连接，转角位置可采用阳角连接件、阴角连接件进行型材拼接连接（如图 3-13 所示）。

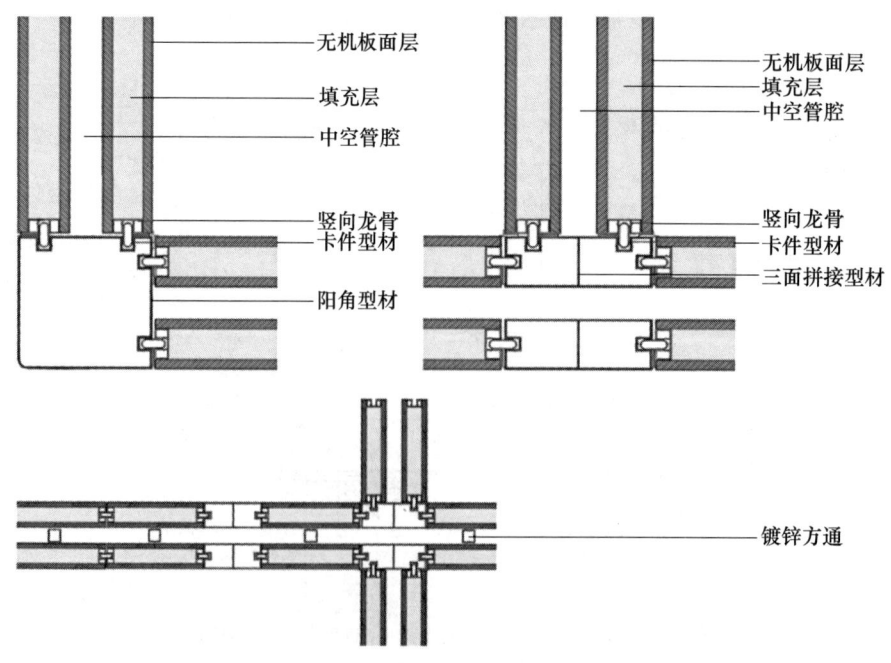

图 3-13 模块化隔墙连接构造示意

[图片来源：由中建八局建筑科技（山东）有限公司提供]

3.4 应用场景

上述几种类型的装配式隔墙具有性能稳定、施工简便、绿色节能、维保成本低等优点，可广泛应用于办公、公寓、商业、酒店及住宅等各类建筑的非承重内隔墙体（如图 3-14 所示）。

图 3-14 装配式隔墙应用示例

[图片来源：由北京和能人居科技有限公司、中建八局建筑科技（山东）有限公司提供]

第4章 装配式墙面应用技术详解

4.1 设计要求

装配式墙面是在既有承重墙体或非承重墙体基层上，采用干式工法现场组合安装而成的集成化墙面。装配式墙面应由调平模块和饰面模块组成，调平模块包含龙骨调平和调平件调平，调平参数宜定量化。装配式墙面应采用集成饰面层的一体化板，饰面层应在工厂与墙板整体集成以避免装修造成的现场环境污染。装配式墙面饰面层可根据需求选择喷涂、壁纸、壁布、面砖、陶瓷薄板、薄石材等材料，但应与饰面板的基层材料相容、连接牢固，并满足强度、隔音、防火、防潮、抗变形、抗老化等性能要求。

装配式墙面应根据具体的使用功能和需求选用合适的集成墙面，装配式墙面应整体设计，风格统一，通过模块组合、色彩搭配、饰面效果、造型线条、拼缝收口实现个性化需求。装配式墙面的设计尺寸、模数宜与原材料规格尺寸相协调，以提高墙板利用率，降低消耗。

装配式墙面应采用干挂式、插入式、锁扣式等干式工法与基层墙体连接牢固，禁止采用各类化学用品进行粘合连接。装配式墙面通常采用龙骨固定，并预留预埋管线、连接构造等所需要的孔洞或埋件，以满足管线分离要求。装配式墙面设计选型应考虑后期维护的便利性，选用易清洁、易修复、可更换的部品，拼缝处应设置工艺缝或使用收口条。

装配式墙面阳角处两侧墙板宜进行整体设计，实现阳角无拼缝。医院、学校、养老等单位建筑阳角应采用圆角设计。装配式墙面应与门窗部品一体化设计，窗洞、门洞位置应考虑门套、窗套与墙板的搭接关系，优化墙板距边尺寸，方便门套、窗套遮盖及安装。装配式墙面设计应考虑与吊顶、地面交接的衔接构造，减少墙面安装对吊顶、地面已完成工序的影响。

装配式墙面设计应在原结构尺寸、装修做法尺寸和装修完成面净尺寸中考虑容差尺寸，以此调节墙面与吊顶、楼地面、相邻墙面衔接位置的现场公差、生产公差和安装误差。装配式墙面上吊挂小型物件时，应提供小型吊挂物的固定方式，并需注意吊挂物件重量。当悬挂较重物体时，应采用专用连接件与基层墙体连接固定。

4.2 部品构成

装配式墙面由自饰面墙板和墙板连接件组成，按照自饰面板材类型可分为硅酸钙复合墙板、金属复合墙板、木质墙板、医疗洁净墙板、岩粉竹木纤维复合墙板等。

4.2.1 自饰面墙板

自饰面墙板在工厂内完成饰面，施工现场不再进行墙面刮腻子、贴壁纸或刷乳胶漆等湿作业。施工现场采用干式工法装配施工，不受季节影响，且具有可逆装配、防污耐磨、易于打理、易于翻新等特点。

1. 硅酸钙复合墙板

基层采用硅酸钙板，表层采用热转印技术或覆膜工艺，实现木纹、石纹、皮纹、布纹、砖纹等纹理效果，也可以根据需要定制深浅颜色、凹凸触感、光泽度（如图 4-1 所示）。

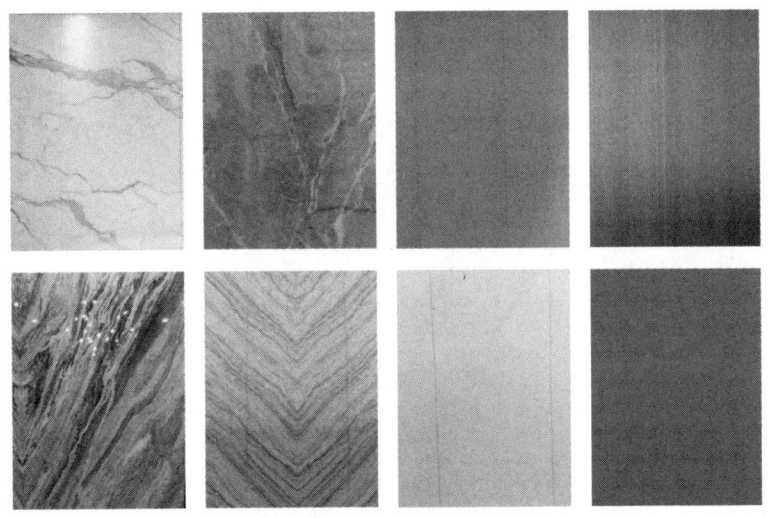

图 4-1　硅酸钙复合墙板

［图片来源：由北京和能人居科技有限公司、中建八局建筑科技（山东）有限公司提供］

2. 金属复合墙板

基层采用热熔镀锌钢板，厚度为 0.6～0.8mm，通过防锈、防腐蚀和热熔镀锌工艺处理，芯材可按照设计要求采用瓦楞板、蜂窝板，表层采用静电粉末喷涂、预辊涂、热转印或覆膜工艺，实现木纹、石纹、皮纹等纹理效果（如图 4-2 所示）。

图 4-2　金属复合墙板

［图片来源：由中建八局建筑科技（山东）有限公司提供］

3. 医疗洁净板

基层采用 A 级防火无机板材，表层采用高性能抗菌涂料或优质贴膜作为装饰表层。医疗洁净板表面铅笔硬度为 3H，具有耐酸性、耐温差性、耐洗刷性、耐磨性、抗菌性，抗菌率达到 99.9%（如图 4-3 所示）。

图 4-3　医疗洁净板

[图片来源：由中建八局建筑科技（山东）有限公司提供]

4. 木质墙板

基层采用密度板、多层实木板、细木工板，也可以采用竹木纤维板，表层采用油漆或者免漆工艺，具有抗刮、耐磨特点（如图 4-4 所示）。密度板全称为密度纤维板，是以木质纤维或其他植物纤维为原料，经纤维制备施加合成树脂，在加热加压条件下，压制成的板材。多层实木板是由三层或多层的单板或薄板胶贴热压制而成。细木工板是指在胶合板生产基础上，以木板条拼接或空心板作芯板，两面覆盖两层或多层胶合板，经胶压制成的一种特殊胶合板。

图 4-4　木质墙板

[图片来源：由中建八局建筑科技（山东）有限公司提供]

5. 岩粉竹木纤维复合墙板

岩粉竹木纤维复合墙板（如图 4-5 所示）是木塑挤出工艺生产的木塑产品，主要成分是 PVC 树脂、钙粉、少量竹粉木粉，经过微发泡工艺高温挤出，经过定型模然后冷却成型，具有天然无醛、耐水防潮、超抗变形、A 级防火、保温隔热、隔音降噪、防撞耐磨、坚硬耐用等特征。岩粉竹木纤维复合墙板表层可实现布纹、肤感、金属、木纹、皮纹、石纹等纹理效果。

图 4-5 岩粉竹木纤维复合墙板
（图片来源：由山东信诺新型节能材料有限公司提供）

4.2.2 连接件

装配式墙面的连接件主要为轻钢龙骨和调平胀塞，如图 4-6 所示。

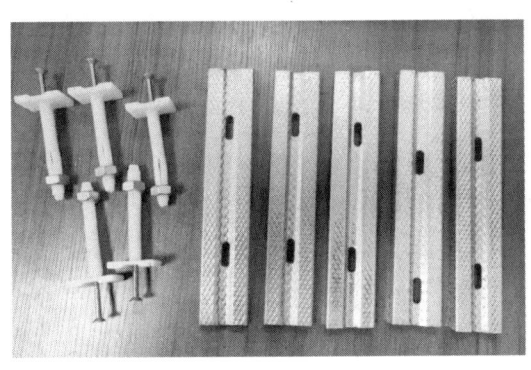

图 4-6 装配式墙面的连接件

4.3 连接构造

自饰面墙板通常采用横向轻钢龙骨与墙面调平垫块或胀塞与结构墙或隔墙连接固定，调平垫块或胀塞应具有连续调平功能，以适应基层墙体表面偏差，并可根据设计需要，在墙体背面预留管线安装空间。装配式墙面连接构造示意如图 4-7、图 4-8 所示。

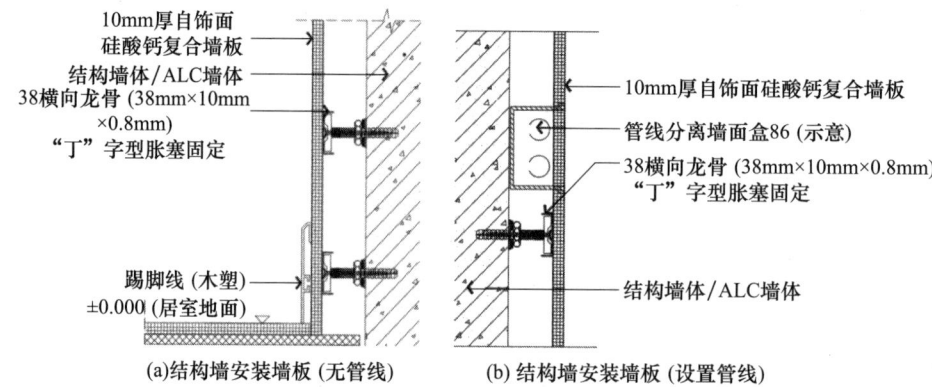

图 4-7　装配式墙面连接构造示意 1
（图片来源：由北京和能人居科技有限公司提供）

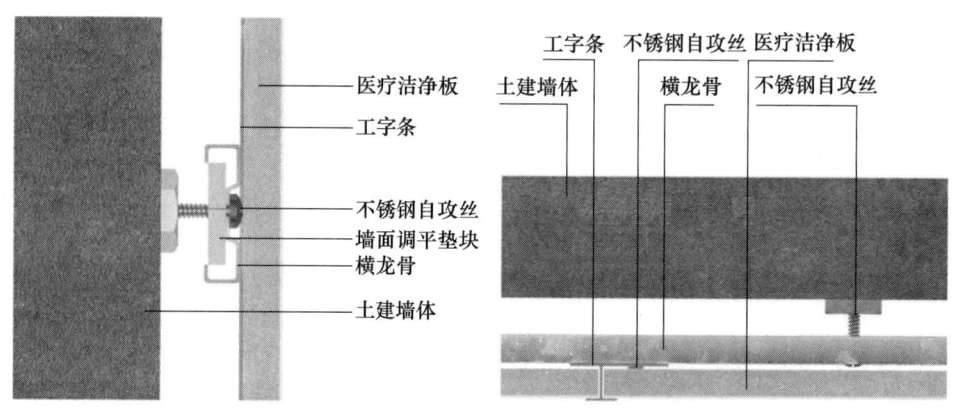

图 4-8　装配式墙面连接构造示意 2
［图片来源：由中建八局建筑科技（山东）有限公司提供］

墙板与墙板之间可采用工字型、土字型连接件进行暗连接，当需要体现板缝装饰效果时，也可采用工字型、土字型连接件进行明连接。转角位置可采用阳角连接件、阴角连接件分别进行阳角、阴角连接。所有的连接件通过螺丝固定在轻钢龙骨上。自饰面板拼接位置的连接构造示意如图 4-9 所示。

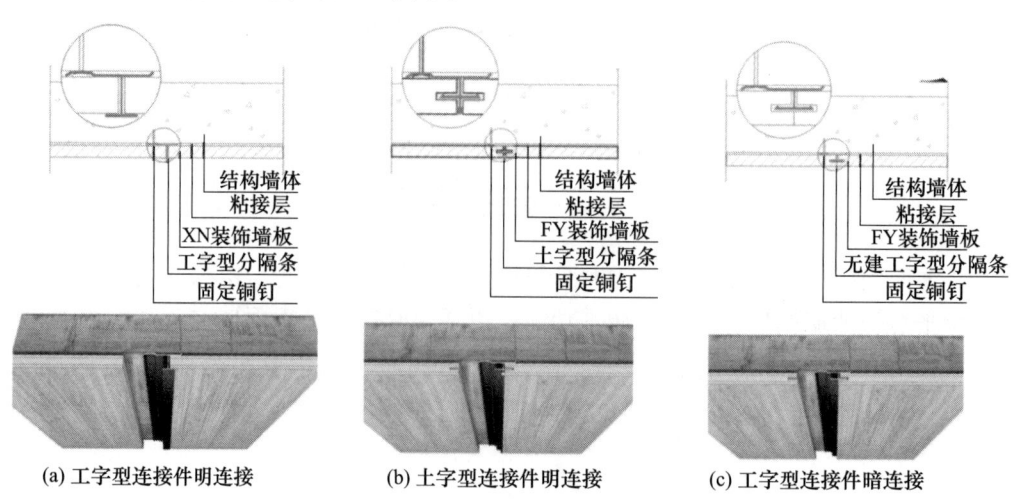

(a) 工字型连接件明连接　　(b) 土字型连接件明连接　　(c) 工字型连接件暗连接

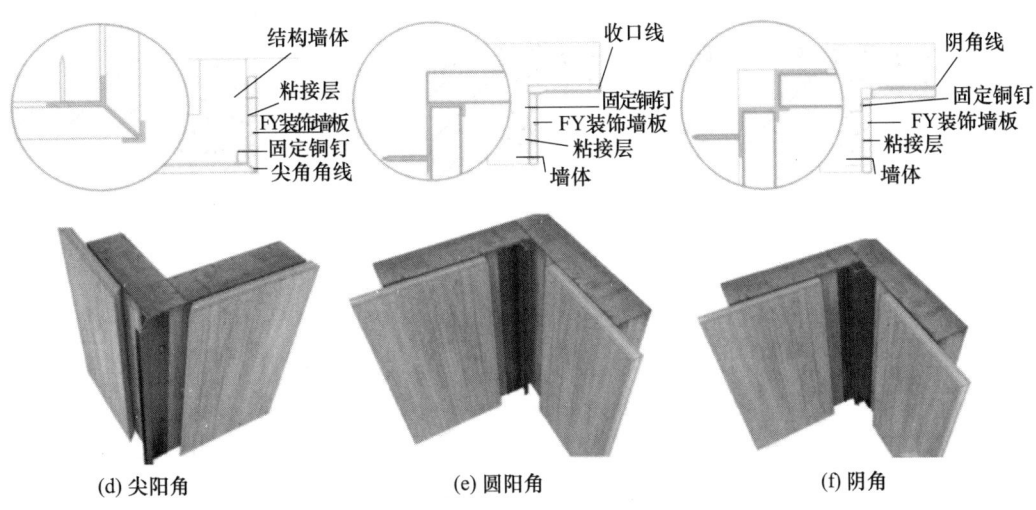

(d) 尖阳角　　　　　　　(e) 圆阳角　　　　　　　(f) 阴角

图 4-9　墙面拼接位置连接构造示意

[图片来源：由山东信诺新型节能材料有限公司提供]

4.4　应用场景

上述几种类型的装配式墙面性能稳定、坚硬耐用、纹理丰富，能够应用于住宅、办公楼、商场、医院等场所，应用示例如图 4-10 所示。

图 4-10　装配式墙面应用示例

[图片来源：由北京和能人居科技有限公司、中建八局建筑科技（山东）有限公司提供]

第5章 装配式吊顶应用技术详解

5.1 设计要点

装配式吊顶由顶板和连接件组成，连接件应具有连续调平功能。装配式吊顶设计应遵循模数化原则，采用标准板和调节板组合实现不同空间的吊顶面层。装配式吊顶应根据使用功能和装饰要求选用集成度高的模块化部品，合理布置新风、排风、给水、喷淋、烟感、灯具等设备和管线。装配式吊顶的设计标高应结合设备、管线以及墙面系统进行确定，需要满足室内净高的需求。施工现场采用湿作业装饰的吊顶不纳入装配式吊顶类别。

装配式吊顶的面板宜采用带装饰层的金属板、矿棉板、无机镁质装饰板等，装饰层应工厂化生产复合。装配式吊顶饰面板应采用防火、防潮、防蛀的成品，拼接宜采用内凹工艺，饰面缝隙宜顺光设计。装配式吊顶使用场合为潮湿空间时，应采用防水、防潮、易清洁的饰面材料，宜采取排风措施。

当公共区域装配式吊顶距结构楼板净空超过 2.5m 时，应设计钢结构转换层，转换层宜进行模块化设计，钢架模块间宜采用螺栓连接方式。装配式吊顶内宜设置可敷设管线的架空层，在管线密集和接口集中处、定期检查处、功能薄弱处应设置检修口或采用便于拆装的构造方式。在装配式吊顶与墙、梁交接处，应设置伸缩缝隙或收口线脚，以满足公差、膨胀、变形及抗震等要求。

装配式吊顶与设备管线应各自设置吊件，并满足承载力设计要求。悬挂重物时，应对顶面龙骨进行加固，或直接吊挂在承重结构构件上。重型设备或有振动荷载的设备严禁安装在吊顶连接件上。当采用整体面层及金属板类吊顶时，重量不大于 1kg 的灯具、设备可直接安装在面板上；重量不大于 3kg 的灯具等设施宜安装在次龙骨上，并有可靠的固定措施；重量大于 3kg 的灯具等设施应直接吊挂在建筑承重结构上。

装配式吊顶的龙骨应考虑设备管线、风口、灯具、检修口等位置进行布置，主龙骨不应切断。装配式吊顶内部与楼板底之间有防火要求的连通空间应设计分隔，分隔与楼板、梁、墙、柱之间以及所有穿过分隔的设备管线的缝隙都应采取防火封堵措施。

5.2 部品构成

装配式吊顶按照顶板类型可分为硅酸钙复合吊顶、GRG 吊顶、金属瓦楞板吊顶、铝单板吊顶和岩粉竹木纤维复合板吊顶等。

5.2.1 顶板

顶板按板材类型可分为硅酸钙复合顶板、GRG顶板、金属瓦楞板、铝单板、岩粉竹木纤维复合板等。装配式吊顶顶板应在工厂内完成饰面,现场不再进行刮腻子、刷乳胶漆等湿作业。施工现场采用干式工法装配施工,不受季节影响,且具有可逆装配、防污耐磨、易于打理、易于翻新等特点。

1. 硅酸钙复合顶板

与硅酸钙复合墙板相同,硅酸钙复合顶板可根据使用要求,进行不同饰面复合技术处理,实现壁纸、木纹、石纹、皮纹、布纹、砖纹等各种质感和肌理的饰面效果(如图5-1所示)。顶板可根据设备配置需要,预留换气扇、浴霸、排烟管、内嵌式灯具等各种开口。

图 5-1 硅酸钙复合顶板示意
(图片来源:由北京和能人居科技有限公司提供)

2. GRG顶板

GRG是玻璃纤维加强石膏板,是一种特殊改良纤维石膏装饰材料,可以用模具、传统工具和数控机床加工成各种形状的吊顶构件,也可以通过造型设计形成各种复杂的造型和纹理,为吊顶装饰带来更多的设计空间(如图5-2所示)。

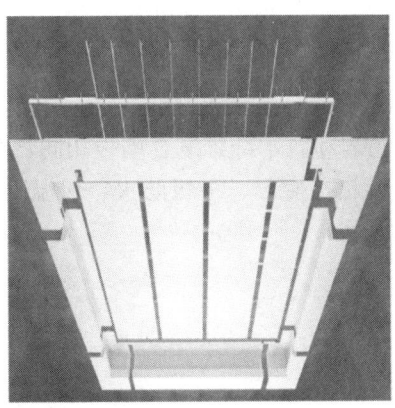

图 5-2 GRG顶板
[图片来源:由中建八局建筑科技(山东)有限公司提供]

3. 金属瓦楞板

金属瓦楞板吊顶是由表层为0.8~1.5mm的铝板和复合层为瓦楞状的钢板或铝制材

料组成，采用氟碳树脂涂料和双组份户外静电粉末涂料，具有轻便耐用、防水防潮、美观性强的特点（如图 5-3 所示）。

图 5-3　金属瓦楞板

[图片来源：由中建八局建筑科技（山东）有限公司提供]

4. 铝单板

铝单板采用 0.6～1.2mm 厚铝板折弯加工而成，具有美观大方、节能环保、耐用性强、施工简便、维护容易的特点（如图 5-4 所示）。

图 5-4　铝单板

[图片来源：由中建八局建筑科技（山东）有限公司提供]

5. 岩粉竹木纤维复合顶板

岩粉竹木纤维复合顶板与岩粉竹木纤维复合墙板相同，基材采用岩粉＋竹木纤维物理挤压而成，具有耐水防潮、超抗变形、A 级防火、保温隔热、隔音降噪、防撞耐磨、坚硬耐用等特征（如图 5-5 所示）。

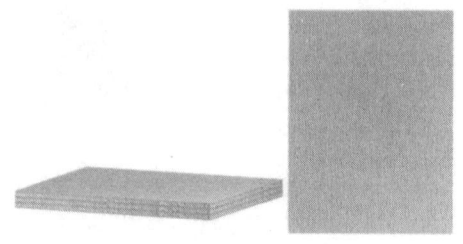

图 5-5　岩粉竹木纤维复合顶板

（图片来源：由山东信诺新型节能材料有限公司提供）

5.2.2 连接件

装配式吊顶所用连接件通常为吊杆、龙骨等（如图 5-6 所示）。

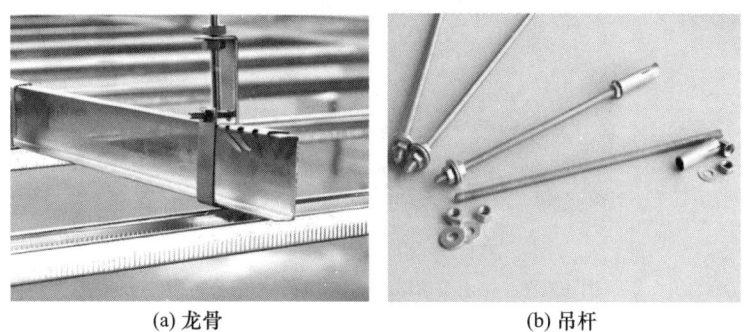

(a) 龙骨　　　　　　　　(b) 吊杆

图 5-6　装配式吊顶连接件

5.3　连接构造

房间跨度不大于 1800mm 时，可采用免吊杆的装配式吊顶。房间跨度大于 1800mm 时，应采取吊杆或其他加固措施，宜在楼板（梁）内预留预埋所需的孔洞或埋件。各类装配式吊顶的连接构造如图 5-7～图 5-11 所示。

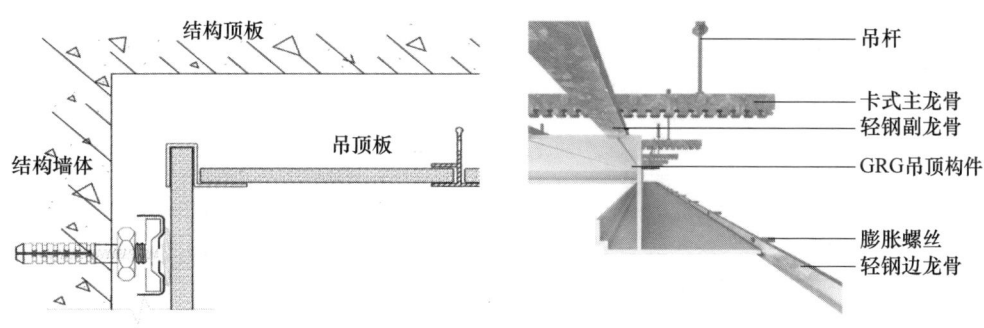

图 5-7　硅酸钙复合吊顶构造示意　　　　　图 5-8　GRG 装配式吊顶
（图片来源：由北京和能人居科技有限公司提供）　［图片来源：由中建八局建筑科技（山东）有限公司提供］

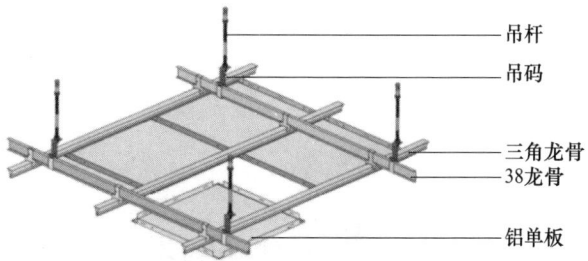

图 5-9　金属瓦楞板吊顶　　　　　　　　　图 5-10　铝单板吊顶
［图片来源：由中建八局建筑科技　　　　　　［图片来源：由中建八局建筑科技
（山东）有限公司提供］　　　　　　　　　　（山东）有限公司提供］

图 5-11　岩粉竹木纤维复合吊顶

（图片来源：由山东信诺新型节能材料有限公司提供）

5.4　应用场景

装配式吊顶主要用于办公楼、医院、学校以及住宅等场所（如图 5-12 所示）。

图 5-12　装配式吊顶应用示例

［图片来源：由北京和能人居科技有限公司、中建八局建筑科技（山东）有限公司提供］

第6章 装配式楼地面应用技术详解

6.1 设计要点

装配式楼地面可采用架空楼地面、非架空楼地面或其他干式工法施工的楼地面。装配式楼地面宜与地面供暖、电气、给水排水、新风等系统的管线进行集成设计，宜选用模块化集成部品（如图6-1所示）。

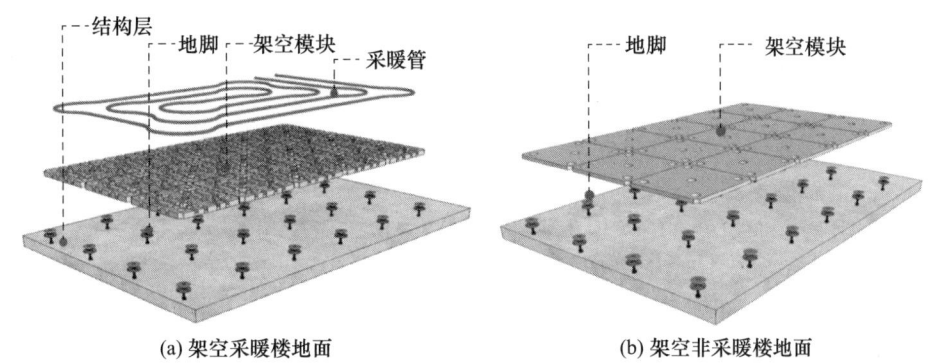

图6-1 装配式楼地面构造示意
（图片来源：由北京和能人居科技有限公司提供）

装配式楼地面应按照功能和使用环境的需求，考虑产品维护和变更的可操作性，结合建筑构造和装饰功能等特点对空间布局进行合理划分。为了防止卫生间等有防水要求的房间地面水外溢，装配式楼地面应设置不大于15mm的挡水门槛或楼地面高差，门槛及门内外高差应以斜面过渡，满足无障碍和适老化的相关要求。

装配式楼地面应采用平整、耐磨、抗污染、易清洁、耐腐蚀的材料，针对老年人、儿童或行动不便人群的卧室，宜采用木地板、PVC地板等柔性地板，其耐磨、防滑性能应满足使用要求。用水房间地面宜采用防滑、防霉的材料，且与其他房间过渡应设置门槛，门槛宜采用坚硬的材料，有无障碍设计要求时，还应设置平缓过渡。阳台地面宜采用防滑、防水易清洁的材料，敞开式阳台的地面材料还应具有抗冻、耐湿、耐热、耐老化等性能。办公地面宜采用易清洁、防滑的材料，相关机电点位的预留满足日常办公的需求。住宅地面宜按照日常生活使用需求进行机电点位预留。

装配式楼地面的排版设计应遵循分中对称的原则，宜采用标准楼地面板块铺装，减少非标准尺寸板块。装配式楼地面的承载力、防水、防滑、隔声等各项性能应满足房间的使用要求，连接构造应稳定、牢固，放置重物的部位应采取加强措施。装配式楼地面的支撑模块应具备高度可调节功能，基层模块应具备足够的承载能力及地面饰面层兼容能力等相关性能。

装配式楼地面应与主体结构有可靠连接,且施工安装时不应破坏主体结构。对有采暖需求的房间,宜采用干式工法实施的地面辐射供暖方式。地面辐射供暖宜与装配式楼地面系统的连接构造集成,有利于提升采暖的舒适度,更大程度地发挥干法施工的优势,安装快速,维修简便。

装配式楼地面采用架空楼地面设计时,架空层高度应根据排水管线的长度、坡度进行计算,并结合管线排布进行综合设计。当水电管线有交叉时,给水管、空调介质管及冷凝水管有可能产生表面结露,因此应遵循电高水低、有压让无压的原则,防止电器及管线绝缘性能降低甚至漏电而发生危害。架空楼地面应设置检修口或采用便于拆装的构造,便于架空层内敷设管线的检修与更换。检修口可结合可逆化安装,位置可设置在不影响正常使用的隐蔽部位。

为了避免地板热胀冷缩而拱起变形甚至开裂,架空地板周边应脱开墙体,留有不小于5mm的伸缩缝。为了减少累计伸缩量,避免过大伸缩导致地板损坏,对超过 6m 长的架空地板采取分段设缝的措施。伸缩缝宜采取美化遮盖措施。架空层内宜分舱设置防水、防虫构造,并采取防潮、防霉、易清扫、易维护的措施。架空层应按房间或套型进行分舱,分舱构造和材料应能防止水漫延或防止昆虫和小动物扩散。

装配式楼地面采用非架空干铺楼地面设计时,楼地面基层应平整。当采用地面辐射供暖系统复合脆性面材地面时,应保证绝热层的强度。面层和填充构造层强度应满足设计要求。当填充层采用压缩变形的材料时,应采取加强措施。

6.2 部品构成

装配式楼地面由装饰面层、基层模块和组合支撑组成,按功能分为采暖楼地面和非采暖楼地面。

6.2.1 饰面层

装配式楼地面饰面层可采用木地板、地砖等(如图 6-2 所示),也可以采用硅酸钙涂装地板、石材、石塑等。饰面层应用于不同类型房间时,可以选择石纹、木纹、砖纹、拼花等各种质感和机理的饰面,也可以根据客户需要定制深浅颜色、凹凸触感、光泽度。

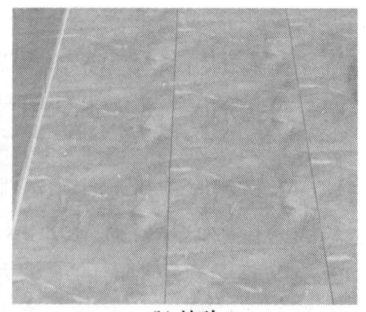

(a) 地板　　　　　　　　　　(b) 地砖

图 6-2　装配式楼地面饰面层示意

[图片来源:由中建八局建筑科技(山东)有限公司提供]

6.2.2 基层模块

架空采暖楼地面的基层模块分为分层采暖模块（如图6-3所示）和集成采暖模块（如图6-4所示）。

分层采暖模块由底层的支撑板和上层的保温层组成。支撑板采用高密度硅酸钙板或GRC板。保温层一般采用XPS保温层，导热系数低，保温隔热性能好。保温层表面铺设铝箔等反射膜并预留凹槽用于埋设地暖管线，起到隔热和管道固定的作用。保温层表面的反射膜可使地暖热量向上扩散，使室内地面升温快。

(a) 分层采暖模块1　　　　　(b) 分层采暖模块2

图6-3　架空分层采暖模块示意

［图片来源：由北京和能人居科技有限公司、中建八局建筑科技（山东）有限公司提供］

集成采暖模块是由钢网、硅酸盐、无机纤维、矿物纤维、黄沙等材料经过地暖沟槽模具高压一次成型，强度较高。集成采暖模块减少了分层采暖模块的保温层，将沟槽和和支撑板合二为一，成本更低。现场拼接完成后，可在表面凹槽内铺设地暖管线，有效保护地暖管线，使其不承受外部压力，延长水管使用寿命。现场施工过程中不再需要铺设保温层，减少一道工序，施工速度更快捷。

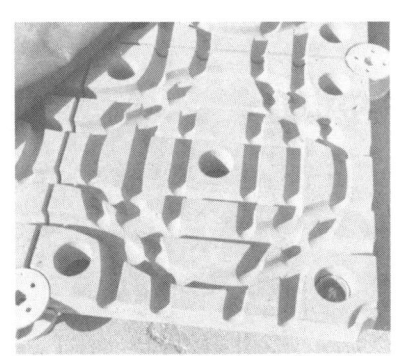 

(a) 集成采暖模块1　　　　　(b) 集成采暖模块2

图6-4　架空集成采暖模块示意

［图片来源：由北京和能人居科技有限公司、中建八局建筑科技（山东）有限公司提供］

架空非采暖楼地面的基层模块仅由支撑板组成，根据支撑板的材质不同有多种类型，如硅酸钙板、水泥网络板、聚丙烯支架等（如图6-5所示）。该类模块自重较轻、厚度更小，提高了空间利用效率，底部架空区域可以走线，实现管线与结构分离。

  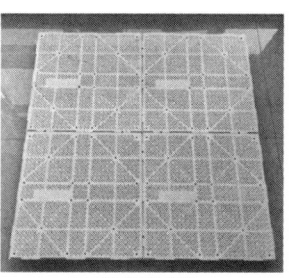

(a) 硅酸钙板　　　　(b) 水泥网络板　　　　(c) 聚丙烯支架

图 6-5　非架空基层模块示意

[图片来源：由北京和能人居科技有限公司、中建八局建筑科技（山东）有限公司、山东信诺新型节能材料有限公司提供]

6.2.3　组合支撑

组合支撑是用来将基层模块架空，形成管线穿过的空腔，一般由连接件、镀锌螺杆和橡胶垫组成（如图 6-6 所示）。连接件用于组合支撑与基层模块底部四角固定，镀锌螺杆用于调平基层模块，底部的橡胶垫起到减震和防侧滑的作用。

图 6-6　各种组合支撑示意

[图片来源：由北京和能人居科技有限公司、中建八局建筑科技（山东）有限公司提供]

6.3　连接构造

架空楼地面的连接构造如图 6-7、图 6-8、图 6-9 所示，下部为组合支持，中间为基层模块，顶面铺设饰面层。

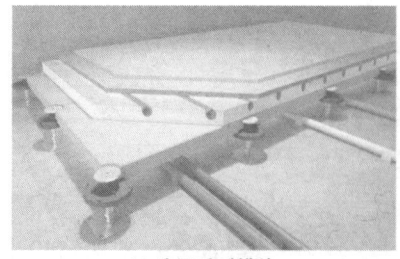 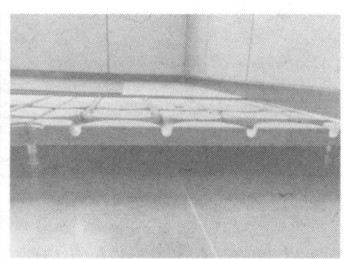

(a) 分层采暖模块　　　　(b) 集成采暖模块

图 6-7　架空采暖楼地面连接构造示意 1

[图片来源：由中建八局建筑科技（山东）有限公司提供]

(a) 分层采暖模块　　　　　　　(b) 集成采暖模块

图 6-8　架空采暖楼地面连接构造示意 2
（图片来源：由北京和能人居科技有限公司提供）

图 6-9　架空非采暖楼地面连接构造示意
［图片来源：由中建八局建筑科技（山东）有限公司提供、山东信诺新型节能材料有限公司提供］

6.4　应用场景

装配式楼地面主要用于办公楼、医院、学校以及住宅等场所（如图 6-10 所示），特别适用于办公室，底部架空有利于综合管线布置。

图 6-10 装配式楼地面应用示例
[图片来源：由北京和能人居科技有限公司、中建八局建筑科技（山东）有限公司提供]

第7章 集成厨房应用技术详解

7.1 设计要点

集成厨房是由地面、吊顶、墙面、橱柜、厨房设备及管线等通过设计集成、工厂生产、干法装配而成的厨房，应与装配式装修工程的其他系统进行协同设计。集成厨房的设计应与结构系统、外围护系统、设备与管线系统一体化设计，合理确定厨房的布局方案、设备管线敷设方式和路径、主体结构孔洞预留尺寸及管道井位置等，避免各专业设计前期考虑不周，导致厨房施工装修时拆改和浪费。

集成厨房设计应在土建设计前介入，与部品选型与建筑设计方案同步进行，在初步设计、施工图设计阶段，结构、设备与管线系统设计也需要考虑集成厨房装修需要，包含厨房楼地面、吊顶、墙面、橱柜和厨房设备及管线的设计，应与装修工程的其他系统进行协同。

集成厨房应根据人体工程学原理及使用功能合理布局，采用标准化、模块化的方法进行精细化设计。集成厨房标准化设计主要体现在橱柜、操作台模块化设计上，模块分解，获得厨房部品模块，部品模块通过设计组合形成集成厨房橱柜、操作台。模块化设计就是将各个功能模块进行组合和配置的过程。不同的组合配置，形成多样化形式，满足不同的设计意图。标准化则是强调选用通用的标准模块，该模块具有确定的功能，相对独立的功能单元，具有通用性，同时具备便于组合、互换的特点。

集成厨房设计宜满足适老化、无障碍设计的需求，充分了解老年人生活特征，选用适合老年人和行动不便者使用的部品和部品集成技术，使老年人在厨房使用上达到安全和无障碍的技术要求。

集成厨房管线应利用地面、隔墙、墙面、吊顶的空腔进行综合协同设计，竖向管线应集中设置，冷热水表、燃气表、净水设备等宜集中布置，管线应采用标准化接口。集成厨房设计应充分考虑设备管线更新、维护的需求，在设备管线密集及接口集中部位设置检修口或采用便于拆装的构造方式。

集成厨房的排烟、通风、空调系统设计应满足防异味、防潮、防菌、防高温等标准的规定，电气及燃气系统的布置应满足安全要求。集成厨房宜采用油烟水平直排系统，室外排气口设置避风、防雨和防止污染墙面的构件。

集成厨房的橱柜应考虑综合管线、楼地面、墙面集成设计，满足厨房设备设施点位预留的要求。集成厨房的橱柜、厨房电器等应与主体结构有可靠连接，当悬挂在轻质隔墙上时，应采取加强措施，且吊柜设置不应影响厨房自然通风和采光。

7.2 部品构成

集成厨房的部品构成如图7-1所示。集成厨房强调集成性和功能性，墙面部品的要求同本书第四章节，吊顶部品的要求同本书第五章节，地面部品的要求同本书第六章节，橱柜、电器、五金件等都是通用的工业化供应部品，此处不再进行赘述。需要说明的是集成厨房墙面和吊顶应选用耐热和易清洁的材料，地面应选择防滑耐磨、低吸水率和易清洁的材料。吊顶、墙面、地面材料应为燃烧性能A级的材料。无吊顶的厨房宜采用防水涂料做装饰喷涂。

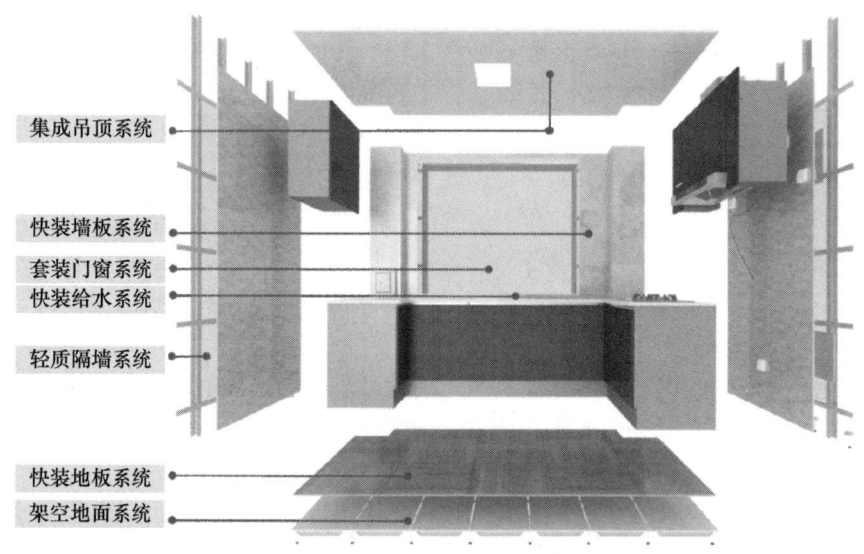

图7-1 集成厨房部品构成示意
（图片来源：由北京和能人居科技有限公司提供）

集成厨房一般不再设置室内排烟道，通常采用二次净化油烟直接通过吊顶内铝箔烟道排出室外，并设置防倒烟装置。另外，由于集成墙面有架空层，对于超过15kg的厨房吊柜、排油烟机、热水器等需要采取加固措施，如预埋加固板、与基层墙体固定等。

7.3 连接构造

集成厨房墙面部品的连接构造同本书第四章节，吊顶部品的连接构造同本书第五章节，地面部品的连接构造同本书第六章节，橱柜、油烟机、台面等与墙板以及橱柜墙板与楼地面的连接构造示意如图7-2所示。

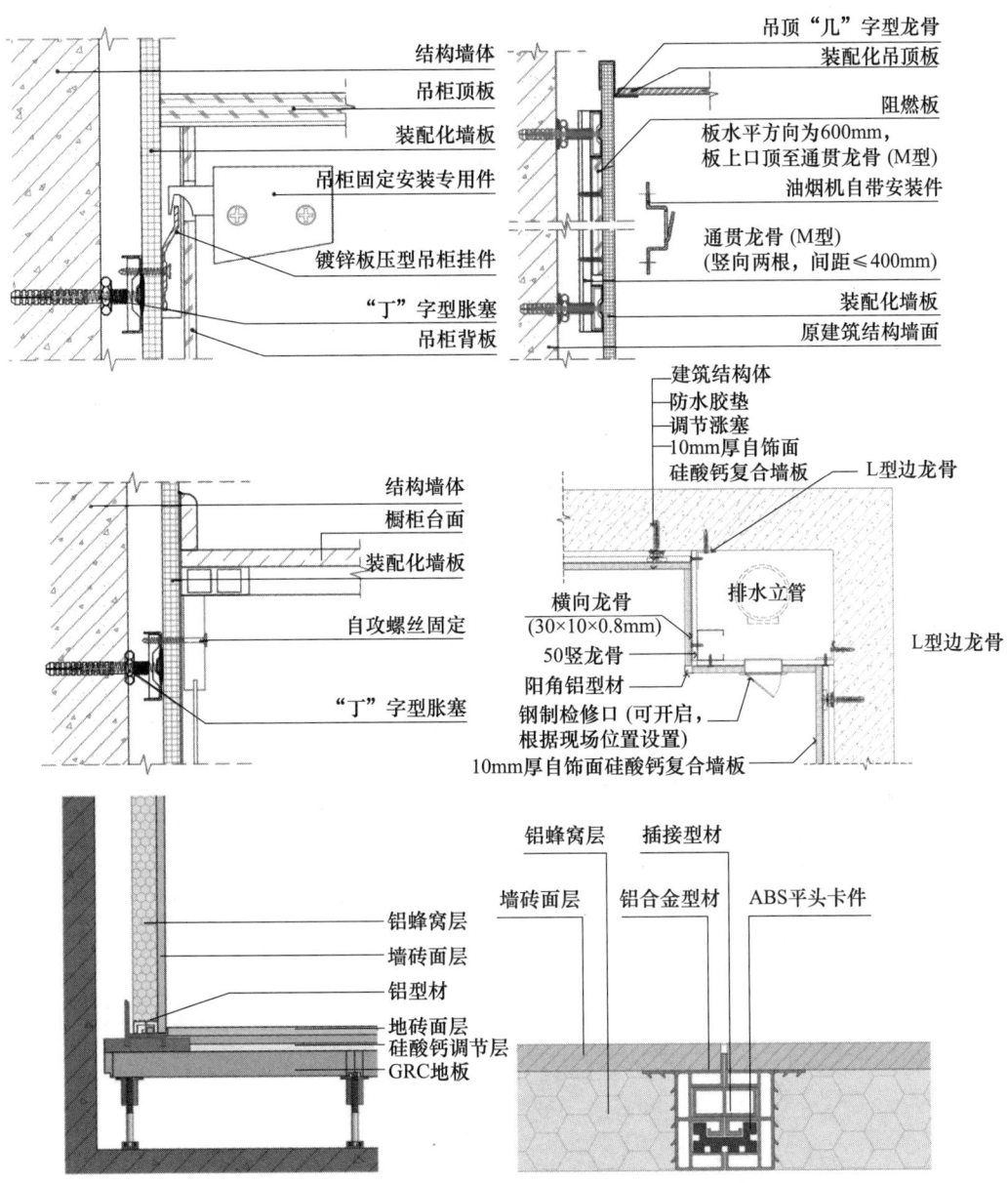

图 7-2 集成厨房部分连接构造示意

[图片来源：由北京和能人居科技有限公司、中建八局建筑科技（山东）有限公司提供]

7.4 应用场景

集成厨房主要适用于住宅、公寓等居住建筑（如图 7-3 所示）。

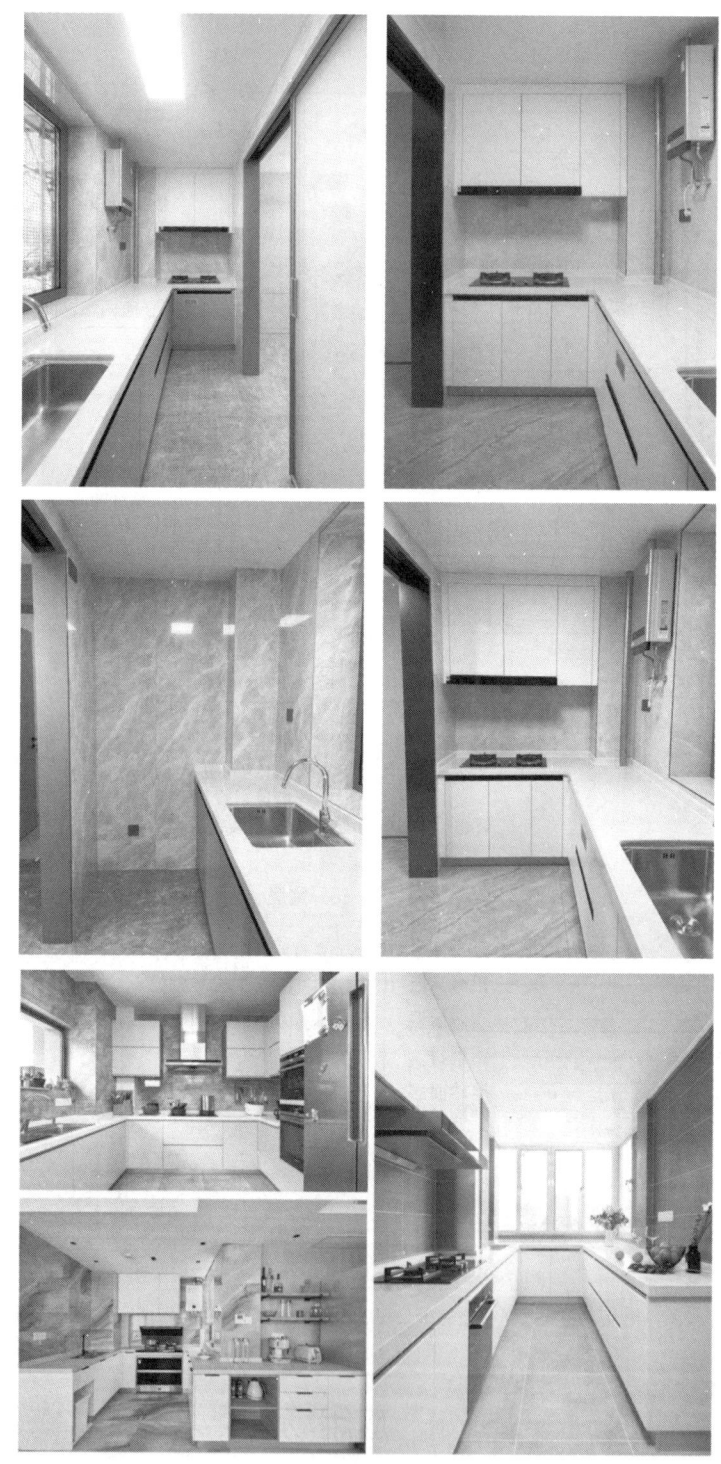

图 7-3 集成厨房应用场景

[图片来源:由北京和能人居科技有限公司、中建八局建筑科技(山东)有限公司提供]

第8章 集成卫生间应用技术详解

8.1 设计要点

集成卫生间的设计应与结构系统、外围护系统、设备与管线系统协同一体化设计，合理确定卫生间的布局方案、结构方案、设备管线敷设方式和路径、主体结构孔洞尺寸预留以及管道井位置等。协同设计可以避免各专业设计前期考虑不周，导致卫生间安装时不必要的拆改和浪费。集成卫生间也可选择集成度高的整体卫生间产品，应与装配式装修工程的其他系统相协调。

集成卫生间的选型应在建筑方案设计阶段进行，通过与集成卫生间厂家进行技术对接，了解卫浴的规格尺寸和通用标准，使卫浴尺寸具备标准化、通用化特性，确保集成卫生间各项技术性能指标符合要求。集成卫生间设计应根据模数协调及标准化设计合理安排如厕区、洗漱区、淋浴区的位置，宜采用干湿区分离的布置方式。为保证卫生间排风效果，应对卫生间进行补风设计，实现压差平衡，对于没有自然通风条件的卫生间，门下应设百叶或通风缝隙。

集成卫生间应根据人体工程学原理及使用功能合理布局，采用标准化、模块化的方法进行精细化设计，宜满足老年人、残疾人和儿童的使用需求，并应按需要配置相应设施，使老年人、残疾人和儿童在卫生间使用上达到安全和无障碍的效果。

集成卫生间宜采用同层排水方式。同层排水可有效避免管线检修对相邻层的影响，与管线分离模式更加契合。当采取结构局部降板方式实现同层排水时，应结合排水方案及检修要求等因素确定降板区域。降板高度应根据防水底盘厚度、卫生器具布置方案、管道尺寸及敷设路径等因素确定，卫生间原建筑地面应根据集成卫生间地面的完成面高度，预留支撑及设备空间，并做好防水措施。

集成卫生间内墙面应采用易清洁的不透水材料。地面应采用防渗、防滑的不透水材料。门及隔板应采用防潮、防烫材料。密封胶宜选用防霉密封胶。集成卫生间楼地面宜采用架空支撑和防水底盘，架空支撑应具有调节高度功能，防水底盘与挡水应一体成型且安装牢固。墙面宜安装在底盘挡水内侧，使淋浴水顺墙面由底盘排走。卫生间隔墙下部应设置防水反梁，且高出地面完成面不低于200mm，宽度应符合相关设计要求。集成卫生间与建筑墙体间空腔宜采取防冷凝水结露的措施，减少冷凝水霉变现象。集成卫生间应合理布置灯具、通风及电器设备，以满足采光、防热、防寒、防潮、防霉、防异味、防腐蚀、防蚊蝇等各方面要求。

集成卫生间的设备管线应利用地面、隔墙、墙面、吊顶的空腔进行综合设计，给水、热水、电气管线宜敷设在吊顶内，排水管处应采取有效隔声、消音措施。集成卫生间应选用标准化配件与接口，设计时应充分考虑更新、维护的需求，协调土建预留净尺寸和设备及管线的安装位置和要求,并在设备管线密集及接口集中部位设置检修口或采用便于拆装的构造方式。

集成卫生间设计应做好设备管线接口、卫生间边界与相邻部品部件之间的收口,防水底盘与墙面板连接处的构造,应具有防渗漏功能。墙面板与外墙窗洞口衔接处应进行收口处理并做好防水。门框门套应与防水底盘、墙面板、墙体做好收口和防水处理。

8.2 部品构成

集成卫生间强调集成性和功能性,整个部品构成如图8-1、图8-2所示。墙面部品的要求同本书第四章节,吊顶部品的要求同本书第五章节,地面部品的要求同本书第六章节,洁具、电气、五金件等都是通用的工业化供应部品,此处不再进行赘述。

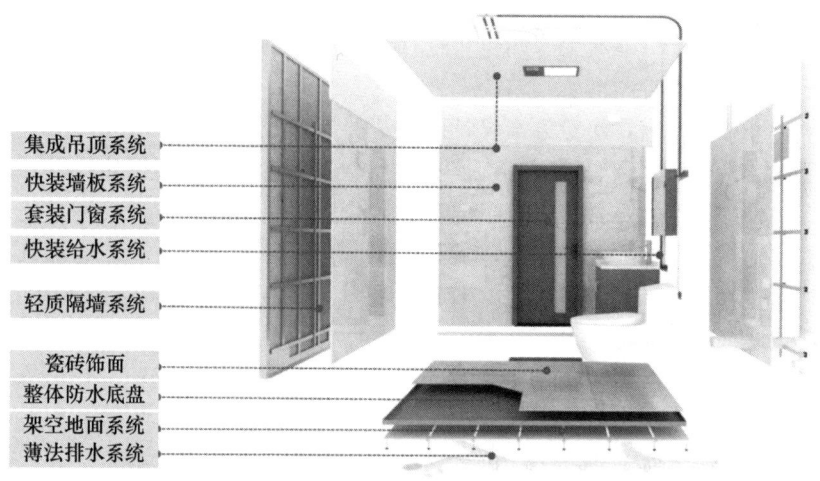

图8-1 集成卫生间部品构成示意1
(图片来源:由北京和能人居科技有限公司提供)

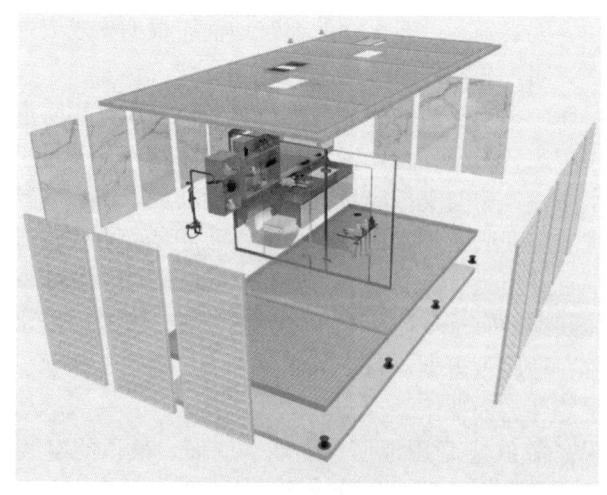

图8-2 集成卫生间部品构造示意2
[图片来源:由中建八局建筑科技(山东)有限公司提供]

1. 防水底盘

集成卫生间地面防水应采用整体一次模压成型的防水底盘，材质有塑钢、玻璃钢，底盘自带 40mm 立体反沿，可墙面形成搭接（如图 8-3 所示）。防水底盘的颜色、表面凹凸造型可进行多种选择与设计。

图 8-3　集成卫生间防水底盘示意
(图片来源：由北京和能人居科技有限公司提供)

2. PE 防水防潮膜

为了实现卫生间墙面防水防潮，通常需要在卫生间墙面上铺设防水防潮膜，以阻止卫生间内水蒸气进入墙体（如图 8-4 所示）。防水防潮膜表面形成的冷凝水需要导回到防水底盘，形成整体防水防潮构造。

图 8-4　集成卫生间防水防潮膜示意

3. 排水系统

集成卫生间防水底盘下部需要设置排水管道，能够将地面积水顺利排出（如图 8-5 所示）。

图 8-5　集成卫生间排水构造示意

8.3　连接构造

集成卫生间整体连接构造如图 8-6 所示。墙面部品的连接构造同本书第四章节，吊顶部品的连接构造同本书第五章节，地面部品的连接构造同本书第六章节。墙板与防水底盘的连接构造如图 8-7（a）所示，同层排水的连接构造示意如图 8-7（b）所示。

图 8-6　集成卫生间整体连接构造示意
（图片来源：由北京和能人居科技有限公司提供）

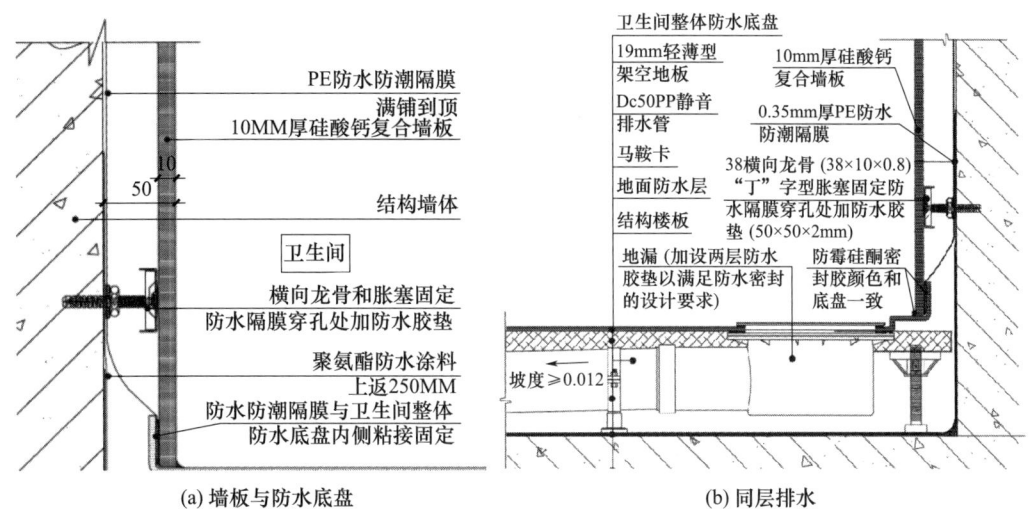

图 8-7 集成卫生间连接构造示意
(图片来源：由北京和能人居科技有限公司提供)

8.4 应用场景

集成卫生间减少了现场湿作业，实现管线分离及同层排放，大大提高了现场施工效率。集成卫生间的防水底盘可以根据卫生间的形状、地漏位置、风道缺口、门槛位置进行定制，因此集成卫生间可广泛用于住宅、酒店、公寓、办公楼、学校等建筑（如图 8-8 所示），甚至可以应用于高铁、飞机、船舶。

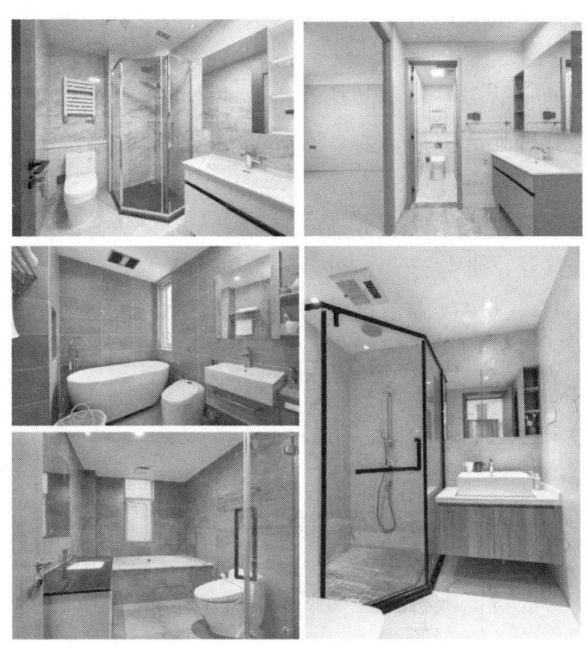

图 8-8 集成卫生间应用示例
［图片来源：由北京和能人居科技有限公司、中建八局建筑科技（山东）有限公司提供］

第 9 章 收纳应用技术详解

9.1 设计要点

收纳包括各功能房间具有储物功能的柜体、箱体及层板，考虑到厨房、卫生间部品的统一归类，厨柜和浴室柜不纳入收纳系统中。收纳系统是装配式装修不可缺少的组成部分，可以采用固定收纳、活动收纳的形式，应遵循功能性、人性化、装饰性、便利性等基本要求。

收纳应结合所处的建筑空间的功能，设想功能空间的使用方式，并预估所需收纳的物品种类和数量，设计收纳系统的容量、分格形式，便于使用者对所需物品就近取用。

收纳部品应进行标准化、模块化设计，并应与建筑隔墙、吊顶等进行一体化设计。收纳部品应采用标准化、模块化的设计方式，设计制造标准模数单元，通过模数单元的不同组合，适应不同空间大小，达到标准化、系列化、通用化的目标。收纳应采用工厂生产的标准化部品，能适应使用功能和空间变化的需求，以实现建筑全寿命周期的使用功能。

收纳应在设计图中标明重量限值，并于交付使用前在相关部位标明重量限定标识。收纳物品的重量不得超过设计允许荷载。收纳系统内设置有电器、电线、电气开关箱、接线箱时，电气开关箱、接线箱有产生漏电或火花的可能，故要求收纳板材的燃烧性能不应低于 B1 级。

地板辐射供暖上的收纳应有利于散热的构造或措施。如收纳采用大包围踢脚且使用地板辐射供暖时，不利于此部位热辐射，因此需要对此部位综合设计，如采取悬挂等相关措施。

水、暖等设备及管道设置于收纳部品内时，应有方便维护及检修措施，设计时可考虑能将收纳部品整体移开、部分打开、拆开隔板的方式为检修创造便利条件。收纳部品中的玻璃应为安全玻璃，其厚度因根据受力大小和支承跨度经计算确定。有水房间经常接触水、蒸汽或渗漏后容易被水浸湿的部位，当部品采用未经处理的木材等材料，容易产生腐烂、虫蛀现象，影响使用寿命，因此有水房间的收纳部品应选用合适的材料并采取相应措施，满足防水、防潮、防腐、防蛀的要求。

9.2 板材类型

收纳的主要部品为板材，板材类型如图 9-1 所示。

第9章 收纳应用技术详解

(a) 实木颗粒板　　(b) 实木多层板　　(c) 生态免漆板

(d) OSB定向刨花板　　(e) SMC　　(f) 岩粉竹木纤维板

图 9-1　收纳板材类型示意

（图片来源：由芜湖科逸住宅设备有限公司、山东信诺新型节能材料有限公司提供）

9.3　应用场景

收纳系统主要应用于玄关柜、衣柜、储藏柜等（如图 9-2 所示）。

(a) 卧室收纳

(b) 阳台收纳

(c) 客厅收纳

· 71 ·

(d) 玄关收纳

图 9-2 收纳应用示例

[图片来源：由中建八局建筑科技（山东）有限公司提供]

第 10 章 内门窗应用技术详解

10.1 设计要点

室内门窗宜采用与隔墙、楼地面、吊顶一体化设计,可选用木门窗、塑钢门窗、铝合金门窗及复合材料门窗。门窗宜选用成套化、模块化、易更换的标准化部品,有利于工厂规模化生产,也更容易实现与装配式装修其他部品部件的一体化集成。

室内门窗设计应明确门窗的隔声性能、耐久性能、耐火完整性、防火性能等指标。对有防火性能要求的空间,应选用满足耐火时间要求的内门窗。对有隔声性能要求的空间,应选用满足隔声性能要求的装配式内门窗。

设计文件应明确门窗的材料、品种、规格等指标以及颜色、开启方向、安装位置、固定方式等要求,避免现场再加工,有效减少误差所造成的材料浪费。为保证门窗安装质量,应根据设计要求和厂方提供的门窗构造图、节点图就已进场的物品进行检查,核对其类型、规格、开启方向,检查门窗的零部件、组合件是否齐全以及门窗的安装位置是否符合设计要求。

10.2 部品构成

门窗是由门扇、门套、窗扇、窗套及五金件组成,现阶段主要采用铝合金门窗或复合门窗。铝合金门窗或复合门窗具有超强的防水、防火、防撞、防磕碰的特点。通过制造技术使门窗表面的触感和观感达到实木门窗的效果,具有高品质、耐久性强的优点。

1. 门扇及门套

根据开启方式,可分为平开门和推拉门(如图 10-1 所示)。按照房间是否需要采

图 10-1 集成门示意
(图片来源:由北京和能人居科技有限公司提供)

光,可分为无玻璃门和嵌玻璃门两种。为方便现场安装,门扇及门套在工厂内预留引孔,预装锁体,现场直接安装即可。

2. 窗扇及窗套

按照开启方式,可分为内平开、内开内倒、外悬、平推、平移推拉、折叠等。使用多道胶条密封及多层中空玻璃,可以让窗户密封更好,性能更加稳定(如图10-2所示)。

图10-2 集成窗示意

[图片来源:由中建八局建筑科技(山东)有限公司提供]

3. 五金件

五金件质量直接决定了门窗使用寿命,要求五金件手感舒适,使用寿命同建筑物相同(如图10-3所示)。

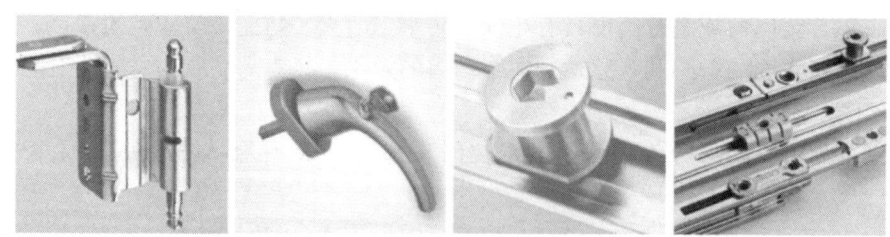

图10-3 门窗五金件示意

[图片来源:由中建八局建筑科技(山东)有限公司提供]

10.3 连接构造

门窗框与墙体的连接构造应牢固可靠,通常采用螺钉连接固定方式,如图10-4所示。门窗框与墙体间空隙应采用聚氨酯发泡胶填充。卫生间门应按照要求安装防水底脚。由于卫生间增设换气扇,当进行补风换气时,卫生间会形成负压,造成地漏反味,因此需要将卫生间门扇下留出 30mm 空隙。

(a) 门与门框连接　　(b) 窗与窗框连接

图 10-4　门窗连接构造示意

10.4　应用场景

室内门窗广泛应用于办公楼、住宅、酒店、公寓等各类建筑（如图 10-5 所示）。

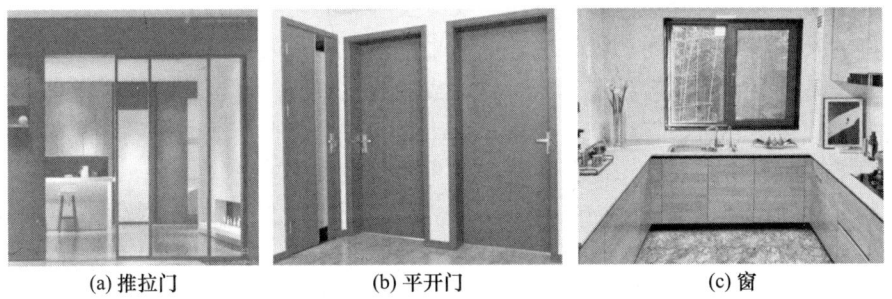

(a) 推拉门　　(b) 平开门　　(c) 窗

图 10-5　门窗应用示例

[图片来源：由中建八局建筑科技（山东）有限公司、北京和能人居科技有限公司提供]

第 11 章　设备与管线应用技术详解

11.1　设计要点

设备与管线包括给排水、强弱电、暖通与空调、强弱电、智能化、燃气等各专业，在具体设计时需要综合考虑各专业的技术特点、材料特性、安装检修、维护管理等多方面的因素进行统筹策划，根据工程建设的特点，一步一步深化完成。

设备与管线的深化设计需要精细化，提倡采用工程预制、现场冷连接组装的安装工法。设备管线的安装敷设应与室内空间设计相协调，满足管线与结构分离的要求。管线各系统的接口应为标准化装配产品，有利于后期维修与更新。

装配式装修设备与管线系统的设计应遵循以下几个原则：

（1）设备与管线系统宜通过综合设计及管线集成技术提高设备与管线系统的集成度，宜选用装配式集成部品，接口应标准化，满足通用性和互换性的要求。管线应选用耐腐蚀、使用寿命长、降噪性能好、便于安装及维修的管材、管件，以及连接可靠、密封性能好的管道阀门。不同功能管线外壁应采用不同颜色或标识。

（2）设备与管线不应敷设在混凝土结构或混凝土垫层内，也不应通过墙体表面开凿或剔凿等方式设置。机电管线、开关盒、插座盒等宜敷设在楼地面、隔墙及吊顶的空腔层内，应采取可靠措施安装牢固，设置标准化的检修口便于检修。

（3）安装于墙体、吊顶表面的灯具、开关插座、控制器、显示屏等部品部件的位置与尺寸应与室内装修相协调，并采取可靠的固定措施，满足隔声、防火等方面的要求，给排水及空调等管线应考虑隔声降噪、保温、防结露等措施。

（4）设备与管线的预留洞口尺寸及位置、插座接口点位应在设计图中明确标注，部品应定位准确，避免现场打孔开凿。

（5）竖向主干管线、公共功能的阀门、计量设备、电气设备以及用于总体调节和检修的部件，应集中设置在公共区域的管井或表间内，并设置检修口，尺寸应满足管道检修更换的空间要求。设备与管线的公共部分与套内部分应界限清晰，分户管路与公共管路的结合部位及公用配管的阀门部位，其检修口宜采用标准化尺寸。

设计给水管线时，冷水、热水、中水等支管、分支管应采用不同颜色或标识进行区分。管线应采用柔韧性较好的塑料给水管或铝塑复合管。当采用给水分水器时，分水器应与用水器具一对一连接，中间不得有连接配件。分水器设置应便于检修，并宜有排水措施。热水系统和冷水系统的分水器及管材、管件不得混用。分支接口宜采用快插式接头，管道连接应满足严密性试验的相关要求，并设置在易检修的位置。敷设于隔墙、吊顶、架空地板内的给水线应采取措施避免有机溶剂的腐蚀或污染，其中热水管道宜采取相应的保温措施，冷水管道应采取相应的保温防结露措施。

排水管线设计时，宜将排水立管集中布置在公共管井内，宜采用同层排水方案。同层排水时应进行积水排除设计。排水管道应采用隔声降噪措施。排水管道管件应采用45°转角管件。在卫生间以外的洗衣机区域宜设置防水底盘，并采用配套排水接口。

采用干式工法实施的地面辐射供暖方式时，应与装配式楼地面的连接构造集成，采暖主立管应设置在公共管井内，室内分集水器宜与内装部品集成设计。敷设于隔墙、吊顶、架空地板内的供暖管道不宜有接口、阀门和部件。管道安装应设置可靠的支撑系统并充分考虑管道伸缩补偿，确保安装安全。同时，应按照相关标准要求设置保温隔热措施。分户式新风系统设计应根据住宅层高及净空等因素合理选择送风方式。

强、弱电管线应与主体结构分离，强、弱电主干线应设置在公共管井内，便于维修管理。电气接头宜采用快插式接头，电气线路及线盒敷设在架空层内时，应满足安全和防火要求。面板、线盒及配电箱等宜与内装部品集成设计。电气线缆应穿金属管或在金属线槽内敷设，线缆在管道或线槽内不宜有接头，如有接头，应放置在接线盒内。强、弱电线路敷设时不应与燃气管线交叉设置。当与给排水管线交叉设置时，应满足电气管线在上的原则。集成厨房、集成卫生间应设置单独配电线路，集成卫生间应设局部或辅助等电位联结。

燃气管线的设计应符合现行国家标准《燃气工程项目规范》（GB 55009—2021）的相关规定。当燃气表或燃气管设置在厨房橱柜内时，橱柜应具有自然通风功能。燃气表四周应预留不小于100mm的安装和检修空间。

智能化系统设计时应预留便于扩展和可能增加的线路、信息点。综合信息箱宜集中设置，通信网络、安全监控等线路宜集中布线。智能系统终端的位置和数量应明确。住宅公共部位出入口控制系统、电梯控制系统，条件许可时可采用"无接触控制"的相关智能化技术。

11.2 部品构成

设备与管线的构成主要是接口、扣卡、座卡、保温管等（如图11-1～图11-4所示）。

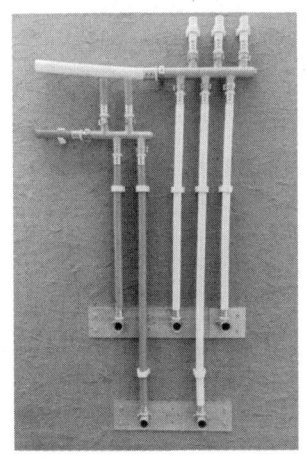 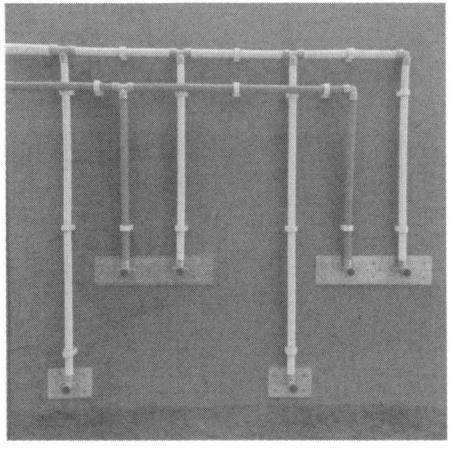

图11-1 分水器示意

（图片来源：由北京和能人居科技有限公司提供）

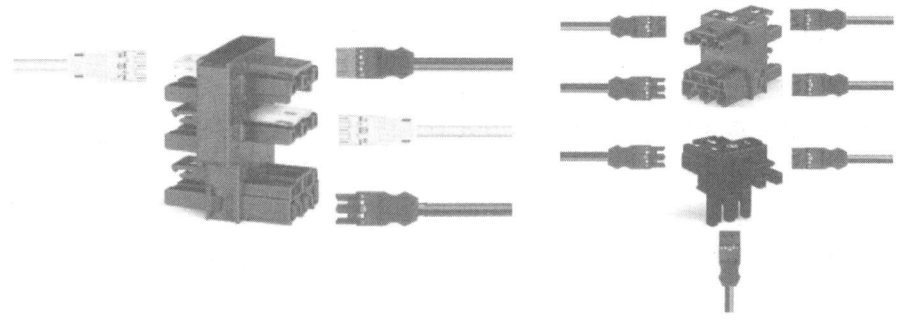

图 11-2　电气快插接头示意

（图片来源：由北京和能人居科技有限公司提供）

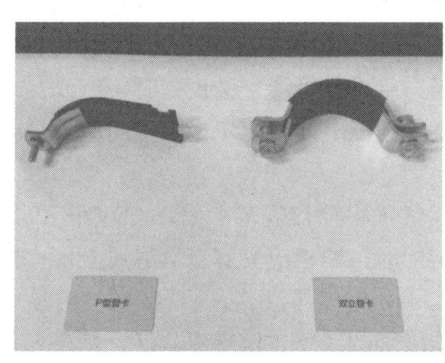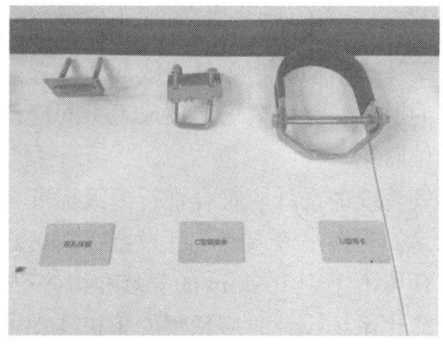

图 11-3　扣卡示意

［图片来源：由中建八局建筑科技（山东）有限公司提供］

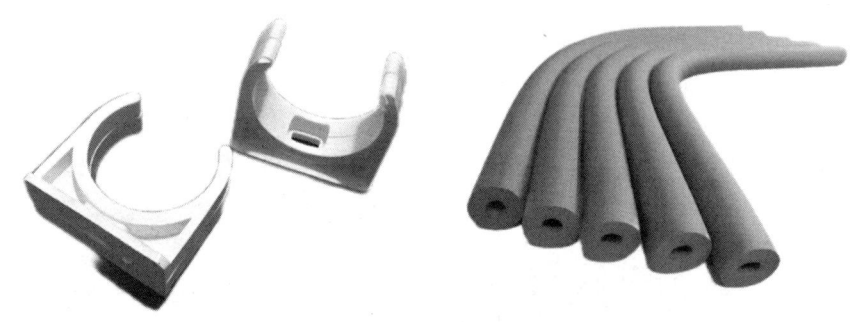

图 11-4　座卡及橡塑保温管示意

11.3　连接构造

管线系统宜采用快插式接头，易操作、安装效率高、质量可靠、便于翻新与维护（如图 11-5～图 11-8 所示）。

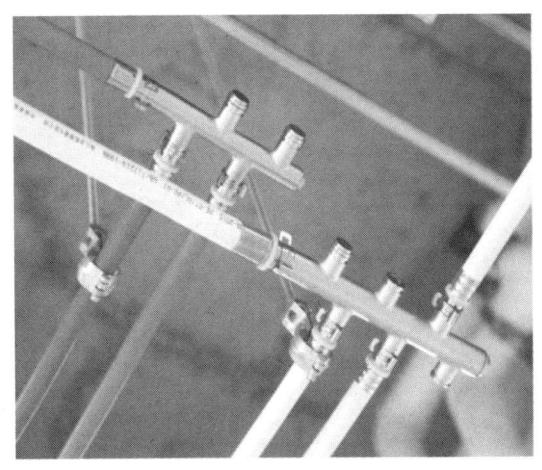
图 11-5　给水管线连接示意

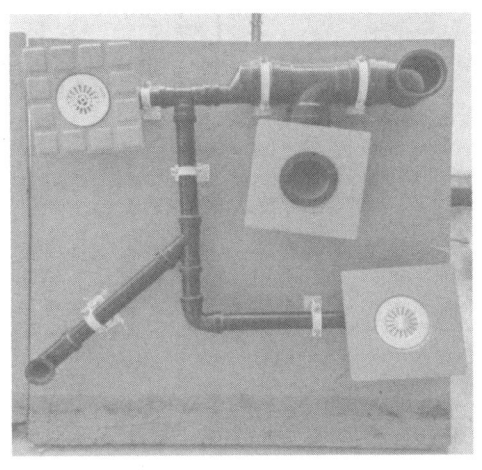
图 11-6　卫生间排水管线连接示意

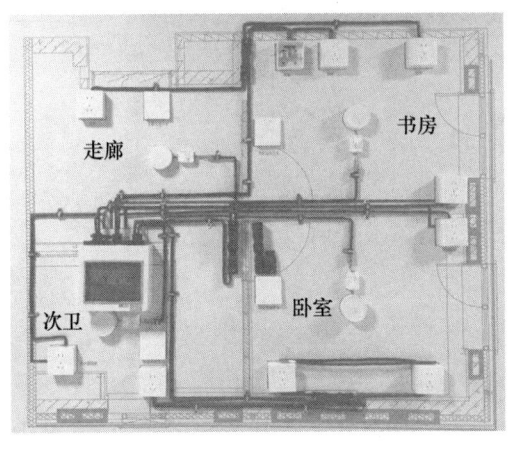
图 11-7　电气管线连接示意

图 11-8　墙面夹层电气管线连接示意

（图片来源：图 11-5～图 11-7 由北京和能人居科技有限公司提供）

11.4　应用场景

设备与管线系统可在住宅、酒店、办公楼、公寓、商场、医院中广泛应用（如图 11-9 所示）。管线与结构分离方式可以减少施工过程中对主体结构的损伤，内部空间可以灵活多变，具有较高的适应性，便于后期维护，增加房屋的使用寿命。

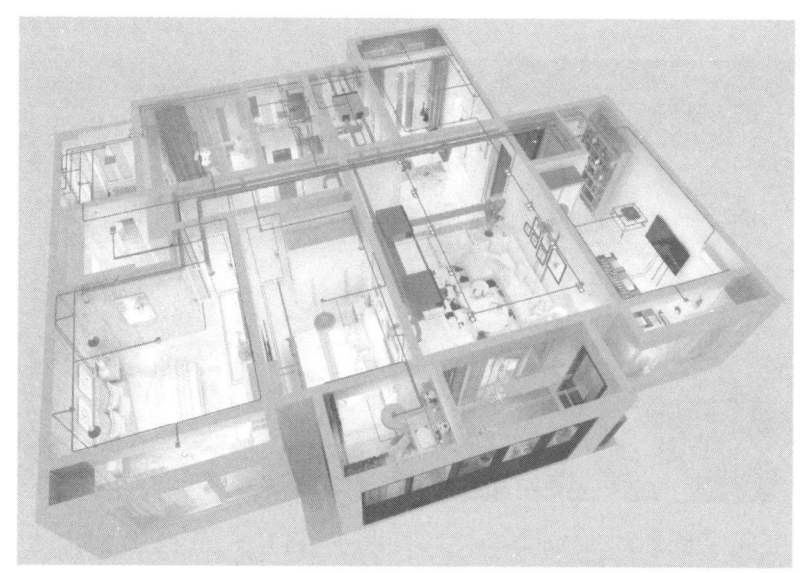

图 11-9 设备与管线应用场景示意
(图片来源：由芜湖科逸住宅设备有限公司、北京和能人居科技有限公司提供)

第 12 章 部品制造与运输

12.1 部品制造

12.1.1 基本要求

装配式装修部品制造企业应具备保证产品质量要求的生产工艺设备、试验检测条件（如图 12-1、图 12-2 所示），并建立完整的技术标准体系及质量、职业健康安全与环境管理体系，生产过程宜采用信息化管理和智能化制造技术。为确保装配式装修部品的装配品质与精准供应，应从部品定制、生产制造、出厂检验、包装标识、储运堆放五个方面进行控制，确保部品生产质量，满足供应计划。

(a) 板材敷面　　　　　　　(b) 成品板材堆放

图 12-1　硅酸钙复合板智能化生产线

（图片来源：由北京和能人居科技有限公司提供）

(a) 板材敷面　　　　　　　(b) 成品板材堆放

图 12-2　金属复合板智能化生产线

[图片来源：由中建八局建筑科技（山东）有限公司提供]

部品制造是对特定空间定制化生产装配式装修所需的部品，实现墙、顶、地与设备管线系统的融合。装配式装修部品应在符合工业化生产流程基础上，提高部品的集成化、模块化、标准化程度，提高施工安装和使用维护的便利性。非标部品应与标准部品同批次加工，避免色差，保证接口标准。部品连接构造应采用安全、可靠、耐久的工业化集成技术，确保连接可靠，便于拆装更换。

12.1.2 生产预案

装配式装修部品生产应制订生产预案，部品生产预案应符合下列规定：

（1）应控制标准参数部品与非标部品的系列规格组合，提高标准化部品的应用比例，实现大小批量同步均衡转换，柔性制造，同步配套。标准化部品应采用标准模数生产，定制化部品或高度集成部品宜根据设计要求和项目需求采用定制模数生产，应保证标准参数部品与非标部品同时配套加工，消除色差。

（2）应明确部品之间连接的标准接口类型、规格、接驳方式，明确配套的部件、配件及零件构成。

（3）应考虑上下道装修工序的影响，减少干扰。

（4）宜对所有定制部品进行唯一编码。

部品生产前，首先需要对装修空间进行现场实测，对预埋件及预留孔洞复测，测量和加工数据精确到毫米。部品的外廓或边界尺寸应标注最大尺寸，制造过程中的公差带应控制在标注尺寸以内。部品的内腔或容纳尺寸应标注最小尺寸，制造过程中的公差带应控制在标注尺寸之外。根据工程要求及现场勘验结果，优先选用标准参数部品，非标准部品应适度归尺并预留配合公差，同时提前对因定制而变化的饰面要求、配套方式、接口调整等制订详细的技术方案。

12.1.3 生产过程

部品生产所用原材料应符合国家现行相关产品标准的规定，具有质量合格证明文件，并应按照现行国家标准的有关规定进行抽样检验，未检验或检验不合格的材料不得使用。

部品生产应建立质量安全生产追溯制度，建立产品信息档案，实现对产品的可追溯性。生产制造中，宜将信息技术应用到生产环节，连接设计和施工信息，实现智能化制造。

定制部品的编码宜包含部品编号、规格、材质、饰面、使用位置、生产日期、制造单位等信息，在加工、交付过程实现有效传递。部品饰面描述宜标准化，颜色应以通用色号或RGB配比数据标识，图案应以图片或其代码标识，纹理应以其模板代码标识，光泽应以通用等级标识。对于不能常年生产的部品部件，宜预留一定数量的备用产品，以备安装损耗和维护所需。

龙骨隔墙的龙骨应在工厂定制加工，采用机械式挤压断切，严禁电动工具锯裁。装配式墙面的找平层与饰面层应在工厂集成，其饰面应覆盖到找平层侧面包边，避免饰面翘起、开裂、脱落。架空地面应能够实现快速拆装，具有高度调节装置，可以根据套内与公区需要灵活调整架空层敷设管线的高度。地面辐射供暖部品宜与架空的地面集成制造，形成标准化、模块化及系列化的集成产品。

集成厨房应加工安装吊柜、电器的加固板，墙面面层部品进行防水、防火、防潮、防霉、耐高温、耐腐蚀及抗吸污、耐擦洗等工艺处理，吊顶宜与通风、排烟、照明等设备设施集成生产。

集成卫生间的墙板接缝应采用止水构造，带面砖饰面的壁板宜采用反打一次成型工艺制作，检修口、墙面孔洞应采用设计预留方式在工厂内完成加工，应套割吻合，边缘整齐，防水地面盘应一次性挤压成型确保不漏水，并有沿墙立体反沿，转弯处为弧形以避免卫生死角，同排地漏与整体防水地面配套加工，确保连接气密。

管材类部品宜根据现场勘查结果，采用工厂预制化方式，通过复合产品组装减少现场切割和现场连接点，管路中的关键部品如分水器、阀门以及与卫浴的连接部件应采用标准化产品，具有可靠性、通用性和互换性。冷热水管线、强弱电管线宜在生产时做好标识线或颜色区分，便于维护和更换。以盘管形式供货的产品，宜在管材上做好标记，方便现场量取和安装。给水、排水部品采用密封圈密封时，应符合相关标准要求，密封圈材质不得含有再生胶。所有管线整体加工不得有接头，避免渗漏。

12.2 出厂检验

部品生产企业应建立产品出厂检验制度，产品应按现行标准检验合格后方能出厂销售。生产厂家应对自身的检测能力进行资格认定，应对仪器设备进行定期校验，确保检测数据的准确性和可靠性。生产企业不具备出厂检验能力的，应委托具有法定资质的检验机构进行出厂检验。

部品生产企业应对出厂合格产品签发产品合格证。合格证应标注产品相关信息和质量保证期限。产品相关信息包括编码、数量、型号、质量情况、生产单位、出厂日期、检验员代码等。正常使用情况下，在质量保证期限内，支撑构造和饰面均应无变形、起鼓、开裂、脱落、异响、漏水等现象。

12.3 包装标识

部品包装应标识产品名称、规格型号、产地、质量等级、符合质量安全强制性标准的证明等内容。同批次部品应内置包装明细清单、产品说明书、作业指导说明书及产品合格证等。包装明细清单应包括本包装始发地、到货地、批次编码、部品明细表及装配位置、使用期限。产品说明书、作业指导书宜包含部品维修、更换的必要信息。

部品包装材料宜采用环保、不掉色、可回收循环使用的材料，宜采用可用于现场安装过程保护的包装物。配套部件应与部品同批次交付，易损、易耗零配件宜适量增配。需要专用工具进行装配时，应与部品同批次配备相应数量工具。

部品及包装物上的标识，应详细描述部品的特性、适用部位及配置信息。通用标准部品（如连接件、龙骨、收口条等）应标识规格、样式、表面处理。饰面部品（如瓷砖、壁纸、灯具等）应增加批号和出品日期，并对饰面进行贴膜或用其他专用材料保护。定制部品（如门窗、家具等）应具备唯一性，并采用醒目的、易于区分应用区域的标识方式。对具有特定使用条件或期限的辅料或配件，应专门标识。暴露在空气中的金属部件应采取防锈或封闭措施。包装方式应能保证一般运输条件下对部品的保护，保证运输和搬运时防止挤压冲击、受潮、变形、损坏部品表面及边角，应防止流体或细碎物品流失。对部品接口、转角等薄弱部位，应采用定型保护包装或套件加强保护。

12.4 运输堆放

部品从工厂运输到施工现场，应提前制订运输计划及方案。超高、超宽、形状特殊的大型部品运输和码放应采取质量安全保证措施。如遇施工场地泥泞、积水、深坑或台阶等影响搬运效率，需事前搭桥和铺平，保障卸载工具及转运工具顺利通行。

内装部品在施工现场二次搬运，应提前查勘场地条件并做预处理，确保卸载及转运工具顺利通行。垂直运输宜采用机械化工具。部品宜通过转运工具用电梯运输上楼。利用角度旋转，确认部品进出电梯的最大尺寸，确保搬运过程的人工成本最小化，确保材料部品的破损概率降至最低。

第13章 施工安装

装配式装修是将工厂预制生产的部品通过一定的连接方式集成，继而运输到施工现场由施工人员按照标准化程序采用干作业方式进行施工的装修过程。装配式装修具有现场操作简单、建造速度快、人力成本低、易于管控等特点，规避了传统装修依赖手艺人的风险，降低环境污染、减少资源能源浪费。

13.1 基本要求

装配式装修施工单位应具备相应的资质，建立完善的安全、质量、环境和职业健康管理体系，具备完善的工业化施工技术标准、施工质量检验制度，配备必要的设备和器具。施工单位应根据装配式装修工程特点和规模设置组织架构、配备管理人员和专业施工队伍，管理与施工人员应进行系统培训，并具备岗位所需的基础知识和专业技能。

装配式装修施工前，应进行样板间的试安装，应根据试安装结果及时调整施工工艺、完善施工方案，并经项目参与各方确认。首次采用的新技术、新工艺、新材料、新设备，应进行评价，并制订专门的施工方案。施工方案经监理单位审核批准后实施，并应经样板验证后应用。

装配式装修施工应遵守国家施工安全、环境保护的相关标准，制订安全与环境保护专项方案。装修施工中各专业工种应加强配合，做好专业交接，合理安排工序。施工过程中，做好对上道工序和下道工序的半成品、成品保护。施工时严禁擅自改动主体结构，不应破坏地面和墙面的防水层、防火层以及建筑物的附属设施。装修施工宜采用绿色施工模式，避免现场切割作业，降低施工噪声和建筑垃圾。

13.2 施工准备

13.2.1 技术交底

装配式装修施工前，应由设计人员进行交底，明确各个细部装修做法。施工单位应组织工程技术人员熟悉和审查施工图纸，检查各个系统设计图纸之间是否存在问题，并整理成会审问题清单。

13.2.2 编制方案

装配式装修应结合设计、生产、装配一体化的要求，根据工程特点，协同总包单位制订工程施工组织设计及施工方案，明确装配式装修工程与其他各分项工程的施工界面、施工工序与避让原则。

装配式装修工程施工组织设计及施工方案应体现管理组织方式与装配式装修工法相匹配的特点，发挥装配式装修技术优势，实现装配式装修同步施工的目标。施工组织设计的编制应符合现行国家标准《建筑施工组织设计规范》（GB/T 50502—2009）的规定，内容应包括施工部署、施工进度计划、施工准备与资源配置计划、主要施工方法、施工现场平面布置及主要施工管理计划等基本内容。装配式装修施工组织设计可参照以下工序进行：界面验收→复尺放线→室内防水地坪施工→装配式隔墙施工→水电管线施工→隐蔽工程验收→墙面、顶面、楼地面施工→部品安装→内门窗安装→保洁验收。

装配式装修施工方案中应明确各分项工程间的施工界面，包括结构系统、围护系统、设备管线系统与内装系统的界面关系。对于采用装配式装修技术的住宅建筑来说，应以套内主体结构的墙、顶、地为装配式装修工程的施工界面，其中的吊顶、隔墙与墙面、楼地面、内门窗、厨房与卫生间、设备与管线及其他的装配式装修部品，应由装配式装修施工单位一体化实施。

装配式装修施工前应制订安全专项方案，落实各级各类人员的安全生产责任制。施工过程应遵守国家环境保护的法规和标准，制订环境保护专项方案，建立环境保护统计数据。现场应减少二次加工作业，降低空气污染、噪声污染，并建立施工现场废弃物料回收系统。

13.2.3 现场查勘

主体结构质量的好坏、预留预埋位置尺寸是否准确，直接影响装配式装修部品的安装质量，因此装配式装修施工前，应核对已完成主体结构的外观质量和尺寸偏差，复核预留预埋、隐蔽工程及成品保护情况，对围护、结构构件预埋套管及预留洞口的尺寸、位置进行复核。

在装配式楼地面施工前，基层应已按设计要求施工完毕、验收合格，基层表面杂物应清理干净，平整、光洁、不起灰。吊顶施工前应对吊顶内管线、设备的安装及水管进行试压检验，对房间净高、洞口标高和吊顶内管线、设备及其支架的标高等进行检验。门窗安装前，应按设计要求，对门窗安装位置、洞口尺寸等进行检查，验收合格后方可进行门窗安装。集成厨房安装前应勘验复核预留给排水管道，燃气管道，排烟孔洞的数量、位置、规格，且具备现场操作条件。集成卫生间安装施工前应勘验复核集成卫生间给排水管道、电气管线已敷设至安装要求位置，并完成测试合格工作，为后续接驳管线留有工作空间。

13.2.4 测量放线

装配式装修施工前，应进行测量放线，并设置部品部件安装定位标识。放线的基本流程如下：清理现场→弹出方正基准线→弹出水平基准线→弹出隔墙（龙骨）完成线→弹出吊顶完成线→弹出地面模块完成线→弹出加固板位置标识线→弹出设备标识线→弹出管路走向线。测量放线的主要工具为红外线水平仪、墨斗、卷尺、记号笔、标识模板等。

对不可避免的建筑主体结构施工误差进行处理。通过调整不需要填满或不严格要求填满模数部件的空间，如卧室、客厅、餐厅等，保证对安装净尺寸较为敏感的部品部件的安装空间符合设计要求，特别是用模数部件填满的安装空间，如集成厨房，或是工厂预制的需要装配并填满安装空间的部品部件，如集成卫生间等。需要相同模数部件填满的安装空间净尺寸应一致，如需用墙地砖填满的空间，应保证模数部件尺寸相同，减少生产加工的规格，避免现场加工作业。测量的精度应与对应的部品的制造和安装精度相协调。

13.2.5 部品进场

装配式装修施工前，应准备施工所需的设备、部品及相关场地，制订施工所需设备、部品需求计划及货源组织安排。部品进场时间应按照施工组织设计及专项施工方案的规定，以确保所有部品进场时具有进场条件，保证施工进度。尺寸较大的内装部品需在施工现场未封闭的条件下进行。

装配式装修工程中使用的部品应按进场批次进行检验，其规格、性能和外观等应符合设计要求及国家现行有关标准的规定。部品应提供产品合格证书或性能检测报告。同一工程项目，且同期施工的多个单位工程，对同一厂家生产的同批次部品可统一划分检验批，对部品规格、外观进行验收。同一厂家的同一品种、同一类型部品应至少抽取一组样品进行复检。抽样样本应随机抽取，满足分布均匀、具有代表性的要求。获得认证的部品或来源稳定且连续三批均一次检验合格的部品，进场验收时检验批的容量可扩大一倍，且仅可扩大一次。扩大检验批后的检验，若出现不合格时，应按扩大前的检验批容量重新验收，且该产品不得再次扩大检验批容量。

13.2.6 材料摆放

部品存放场地应平整坚实，并按部品保管技术要求采取相应的防雨、防潮、防曝晒、防污染、防摩擦等措施。部品堆放应按照材料种类、安装顺序、安装位置分类堆放。堆放方式应依部品材料的结构特性分为平放、立放、斜放等方式，以避免部品材料变形或磨损。

13.3 施工安装

13.3.1 装配式隔墙施工

1. 施工流程

（1）龙骨隔墙施工流程如下：

测量放线→安装天地龙骨→安装门洞口框的龙骨→安装竖向边框龙骨→安装竖向龙骨→安装加固龙骨→安装一侧横向龙骨→安装墙体内设备与管线→隔墙填充→安装另一侧横向龙骨→安装饰面板。

（2）条板隔墙施工流程如下：

测量放线→反坎施工（有水房间）→钉隔墙固定件→条板隔墙安装→门窗框板安装→管线安装→拼接缝处理。

（3）模块隔墙施工流程如下：

放线定位→附墙龙骨安装→沿地龙骨安装→模块化隔墙安装→门窗洞口安装→机电

管线安装和连接→收边饰面安装。

2. 施工工艺

(1) 龙骨隔墙施工工艺如下：

① 测量放线：在隔墙与上、下及两边基体的相接处，按龙骨的宽度弹线找方正。弹线清楚，位置准确。按设计要求，确定竖向龙骨、横撑及附加龙骨的位置。

② 安装天地龙骨：沿弹线位置使用塑料膨胀螺栓安装天地龙骨，第一个固定点距离端头不应大于100mm，再依次固定中间部分，固定点间距不应大于600mm。安装牢固，位置准确，龙骨对接应保持平直。

③ 安装门洞口框的龙骨：根据设计要求，先将隔墙的门洞口框龙骨安装完毕。根据隔墙门洞口位置，在安装沿顶龙骨、沿地龙骨后，按照罩面板规格板宽确定分档尺寸，不足模数的分档应避开门洞框边第一块罩面板位置，饰面板破损边不应靠框处。

④ 安装竖向边框龙骨：施工步骤同天地龙骨。沿顶、沿地龙骨及边框龙骨应与结构体连接牢固，并应垂直平整、位置准确。龙骨对接应保持平直，间距应符合设计要求。

⑤ 安装竖向龙骨：将竖向龙骨使用自攻螺丝钉安装于天地龙骨槽内，竖向龙骨间距应符合设计图纸规定并避开水电预埋端口。门窗洞口两侧及转角位置宜采用双排口对口并列形式进行加固。

⑥ 安装加固龙骨：门窗口应采用双排竖向龙骨加固，双排竖向龙骨采用口对口并列形式。在壁挂空调、电视、热水器、吊柜、集分水器、散热器、排油烟机、门顶、窗帘杆等安装位置根据设计图纸安装加固龙骨。

⑦ 安装一侧横向龙骨：根据设计图纸安装一侧横向龙骨。在门头和窗户上下位置最少应均匀分布2根以上横向龙骨，且未能和其他横向龙骨连接的一根向两侧多延伸出50~100mm。在安装横向龙骨的同时应安装好水电预埋件，确认好水电管线走向和预埋板的位置，横向龙骨应避开有冲突的位置。

⑧ 安装墙体内设备与管线：按设计要求安装墙体内电管、电盒和电箱设备，并进行隐蔽工程检查验收。

⑨ 隔墙填充：水电管路铺设完毕且经隐蔽验收合格后，在龙骨空间内填充岩棉或玻璃纤维。填充时应密实无缝隙，材料填充应从结构地面到结构顶面，在卫生间侧应有防潮隔湿的措施。

⑩ 安装另一侧横向龙骨：参照已安装的一侧横向龙骨的对称位置在另一侧安装好横向龙骨。

⑪ 安装饰面板：应从门窗洞口处开始，无门窗洞口的，从墙的一端开始安装饰面板。饰面板竖向铺设，按照排版图施工。饰面板宜采用硅酮结构胶与轻钢龙骨进行点粘，粘接点间距不大于400mm，单个结构胶点长度不小于50mm，饰面板宽小于600mm，粘接点不少于1列，饰面板宽600~1000mm，粘接点不少于2列，居中布置；阴、阳角等特殊部位，增加一列粘接点。

(2) 条板隔墙施工工艺如下：

① 测量放线：在楼（地）面、墙面及顶面应根据设计图纸，测放出隔墙板边线及门窗洞口线、立面垂直线、顶面连接线。按照隔墙条板宽度进行排板分档，标出每块条

板安装位置、门窗洞口位置。放线应清晰，位置应准确，并应经检查无误后再进行下道工序施工。

② 反坎施工（有水房间）：有防潮、防水要求的房间，应在其周边墙身下做高度不小于200mm、宽度同隔墙条板厚度、强度等级不小于C20现浇细石混凝土的条形墙垫，并应做泛水处理。

③ 钉隔墙固定件：根据排板分档情况，按照设计要求选用相应的连接方式，在条板与顶板、结构梁、主体墙、柱的连接部位，使用胀管螺丝、射钉安装固定钢卡、抗震钢卡。条板隔墙与顶板、结构梁的接缝处，钢卡间距不应大于600mm。

条板隔墙与主体墙、柱的接缝处，钢卡可间断布置，且间距不应大于1m。接板安装的条板隔墙，条板上端与顶板、结构梁的接缝处应加设钢卡进行固定，且每块条板不应少于2个固定点。

④ 条板隔墙安装：应从主体墙、柱的一端向另一端按顺序安装。当有门洞口时，宜从门洞口向两侧安装。先安装定位板，在条板的企口处和顶面均匀满刮粘结材料，空心条板的上端宜局部封孔，上下对准定位线立板。条板下端距地面宜预留30～60mm的安装间隙。

条板下部打入木楔，并楔紧，且木楔的位置应选择在条板的实心肋处。两个木楔为一组，利用木楔调整条板位置，使条板安装就位，逐步将条板垂直向上挤压，顶紧梁、板底部，调整好板的垂直度后再固定。

按顺序安装条板，将板榫槽对准榫头拼接，条板与条板之间应紧密连接。调整好垂直度和相邻板面的平整度，经检验合格后再安装下一块条板。

板与板之间的对接缝隙内应填满、灌实粘结材料，板缝间隙应揉挤严密，被挤出的粘结材料应刮平勾实。条板隔墙与楼地面空隙处采用干硬性细石混凝土填实。木楔在立板养护3d后取出，并应采用干硬性细石混凝土填实楔孔。

双层条板隔墙的安装要求同上，先安装好一侧条板，确认墙体外表面平整、墙面板与板之间接缝处粘结处理完毕后，再按排板图安装另一侧条板；两侧条板的接缝错开距离不应小于200mm。

当双层条板隔墙设计为隔声隔墙或保温隔墙时，应在安装好一侧条板后，根据设计要求安装固定好墙内管线、留出空气层或铺装吸声或保温功能材料，验收合格后再安装另一侧条板。

双层条板隔墙的两板间距小于5mm时，可采用胶粘剂点粘加固，板间空隙较大时可使用连接件或定位件连接。

⑤ 门窗框板安装：按排板图标出的门窗洞口位置，先对门窗框板定位，再从门窗洞口向两侧安装隔墙。门窗框板与条板或主体结构连接采用专用粘结材料粘结，并采取加网防裂措施，连接部位填充密实、无裂缝。空心条板作门、窗框板时，距板边120～150mm不得有空心孔洞，并将空心条板的第一孔用细石混凝土灌实。

工厂预制的门窗框板靠门窗框一侧应设置固定门窗的预埋件。施工现场切割制作的门窗框板可采用胀管螺丝或其他加固件与门窗框固定，并根据门窗洞口大小确定固定位置和数量，且每侧的固定点不应少于3处。当门窗框板上部墙体高度大于600mm或门窗洞口宽度超过1.5m时，采用配有钢筋的过梁板或采取其他加固措施，过梁板两端搭接长度不应小于100mm。

安装门头横板时，在门角的接缝处采取加网防裂措施。门窗框与洞口周边的接缝应采用聚合物砂浆或弹性密封材料填实，并应采取加网补强等防裂措施。门窗框的安装应在条板隔墙安装完成7d后进行。

⑥ 管线安装：水电管线的安装、敷设应与条板隔墙安装配合进行，并应在条板隔墙安装完成7d后进行。安装水电管线时，根据施工图纸与技术文件的相关要求，先在隔墙上弹墨线定位，再按弹出的定位墨线位置切割横向、纵向线槽和开关盒洞口，并应使用专用切割工具按规定的尺寸单面开槽切割，不应在条板隔墙上任意开槽、开洞。

切割完线槽、开关盒洞口后，应按设计要求敷设管线、插座、开关盒，并应先做好定位，可用螺钉、卡件将管线、开关盒固定在条板的实心部位上。开关盒、插座四周应采用粘结材料填实、粘牢，并宜采用与条板相应的材料补强修复，表面与隔墙面齐平。

空心条板隔墙纵向布线时，可沿条板的孔洞穿行。管线、开关盒敷设后，及时采用干硬性砂浆或细石混凝土回填、补强。条板隔墙上开的槽孔宜采用聚合物水泥砂浆或专用填充材料填充密实。开槽的墙面采用粘贴耐碱玻璃纤维网格布、无纺布或采取局部挂钢丝网等补强、防裂措施。空心条板隔墙可在局部堵塞横槽下部孔洞后，再作补强、修复。石膏条板应采用与条板同类材料补强。

⑦ 拼接缝处理：条板的接缝处理应在门窗框、管线安装完成7d后进行。接缝处理前，应检查所有的板缝，清理接缝部位，补满破损孔隙，清洁墙面。条板隔墙接缝处应采用粘结砂浆填实，表层应采用与隔墙条板相适应的材料抹面并刮平压光，颜色应与板面相近。条板的企口接缝处应先用粘结材料打底，再用粘贴盖缝材料。隔墙安装完毕，经平整度、垂直度检验合格后，将板底缝用专用粘合剂塞严堵实，待达到强度后，撤出木楔，再用同样粘合剂堵实。不得未达到强度时撤出木楔。对于有防潮、防渗漏要求的条板隔墙，应采用防水胶结料嵌缝，并应按设计要求进行墙面防水处理。拼缝外侧增加网格布，对于有导墙防水要求的位置增加防水剂一道。

（3）模块隔墙施工工艺如下：

① 放线定位：在结构地面、墙面和顶面根据装配式隔墙安装图纸，用激光水准仪及墨斗弹好隔墙定位线及门窗洞口线，并按隔墙模块尺寸弹分档线。在顶面标记连接件位置，在建筑墙面上弹放隔墙定位立面标线。

② 附墙龙骨安装：在建筑墙上安装附墙龙骨，附墙龙骨为大U型龙骨，沿建筑墙通贯安装。在安装前使用钢卷尺校核安装位置，使用六角扳手将膨胀螺栓固定在建筑墙上，膨胀螺栓设置的间距为300mm。没有建筑墙的应设置一根竖向镀锌方管作为竖向支撑，将附墙龙骨安装在镀锌方管上。

③ 沿地龙骨安装：在隔墙的定位线内，应安装沿地龙骨。

④ 模块化隔墙安装：根据编号，依次进行安装模块化隔墙。首先，将隔墙模块的下口安装在沿地龙骨的U型槽内。再安装上部连接件，使用六角扳手固定上部连接件的膨胀螺栓。上部连接件同时固定两板块相邻的"Z"搭接式竖向龙骨，使相邻的两块装配式隔墙模块安装牢固。相邻两块装配式隔墙模块的"Z"搭接式竖向龙骨，采用间距600mm的自攻螺钉锚固。

⑤ 门窗洞口安装：门洞安装时，应设置一道横撑龙骨。门楣装配式隔墙模块安装

在横撑龙骨上。窗洞安装时，先安装窗底板装配式隔墙模块，再安装窗下框位置的横撑龙骨。根据窗的安装尺寸，安装上部的横撑龙骨，窗楣装配式隔墙模块安装在上部横撑龙骨上。

⑥ 机电管线安装和连接：将装配式隔墙内的管线与房间内预留的机电管线连接。开关、插座等点位暗盒，在预制位置连线完成。

⑦ 收边饰面安装：待所有标准墙板安装完毕后，进行收边饰面安装。收边饰面安装位置是在附墙龙骨与"Z"搭接式竖向龙骨和相邻两根"Z"搭接式竖向龙骨，使用自攻螺钉固定，间距不应超过600mm。

3. 注意事项

装配式隔墙安装前应检查结构预留管线接口位置的准确性，且应按设计文件做好定位控制线、标高线、细部节点线等。放线应清晰、位置准确。装配式隔墙的构造、连接方法、龙骨间距及加强部位处理应符合设计要求。隔墙内填充材料的品种、规格、厚度和性能等指标应符合设计要求，且应密实无缝隙。隔墙内水电、通信管路和填充材料铺设完成后应进行隐蔽工程验收。隔墙局部固定较重设备和饰物时，应按设计要求采取加固措施，并对特殊加强部位做功能性标识。装配式隔墙安装前应核准门窗洞口位置尺寸，保证门窗与墙面对位准确，尺寸偏差在允许范围内。门窗与门框、窗套等交接处的密封措施应符合设计要求。

13.3.2 装配式墙面施工

1. 施工流程

放线→阴角顶、地面放线→安装调平部件（部件调平）→安装横向龙骨→安装加固板→板材开孔→安装设备与管线→安装墙板→清理。

2. 施工工艺

① 放线：根据排版图，在墙面上弹出水平基准线、水平龙骨完成线、垂直龙骨完成线、打孔位置线、加固板位置标识线、强弱电设备位置标识线、出水口位置标识线。弹线方正清楚，位置准确。

② 阴角顶、地面放线：在墙顶阴角处、墙地阴角处的地面处弹出连接构造完成线。

③ 安装调平部件：在墙面打孔位置线交叉点打孔，塞入调平部件。根据结构墙面垂直度、平整度误差确定塞入调平部件长度并与墙体连接稳固。调平部件竖向与水平间距不宜大于400mm，距离地面不应大于250mm，距离顶面不应大于150mm。根据阴角处、顶、地处连接构造完成线找出标准点做好标识，结合红外线水平仪将标准点位置的调平部件调节至要求高度，采用靠尺依据标准点逐一调节剩余调平部件。

④ 安装横向龙骨：将横向龙骨安装在调平部件上，在安装横向龙骨的同时应安装好水电预埋件，确认好水电管线走向和预埋板的位置。龙骨安装应牢固，对接应保持平直。

⑤ 安装加固板：重量大于5kg的设备在墙面固定时，需在安装位置安装加固板，加固板不宜切断横向龙骨。

⑥ 板材开孔：安装墙板应提前在对应墙面点位开好孔洞。

⑦ 安装设备与管线：安装墙板内电管、电盒和电箱设备，并进行隐蔽工程检查

验收。

⑧ 安装墙板：从一个房间阳角或阴角位置、门边、窗边开始安装第一块墙板，阳角或阴角处需要采用专用连接件。每块墙板使用燕尾螺丝与横向龙骨连接，螺丝头要沉入横向龙骨凹槽内，以免影响下一块墙板安装。相邻墙板平面接缝处采用工字型、土字型连接件。墙板安装时应通过红外线水平仪矫正垂直度。

⑨ 清理：用软布擦拭表面，若有胶打到外面，应清理干净。

3. 注意事项

装配式墙面施工应按设计要求准确放线，安装前应完成相关隐蔽工程验收。墙面板应按设计连接方式与隔墙（基层）连接牢固。设计有防水要求的装配式墙面，穿透防水层的部位应采取加强措施。装配式墙面门窗洞口部位宜选用成套化的门窗套内装部品，与装配式墙面进行有效连接，并按设计要求采取相应的封闭措施。强弱电箱、电气面板部位应按设计要求采取相应的密闭措施。集成卫生间、集成厨房墙面上设置防溅型插座时，密闭措施应满足防水要求。装配式墙面上的开关面板、插座面板等后开洞部位，位置应准确，不应安装后二次开洞。装配式墙面施工完成后，应对特殊加强部位的功能性进行标识。

13.3.3 装配式吊顶施工

1. 施工流程

（1）免吊杆装配式吊顶的施工流程如下：

放线→安装边龙骨→安装横向龙骨→安装顶板。

（2）有吊杆装配式吊顶的施工流程如下：

放线→安装吊杆→安装主龙骨→安装次龙骨→安装横撑龙骨→安装边龙骨→安装顶板。

2. 施工工艺

（1）免吊杆装配式吊顶的施工工艺如下：

① 放线：在房间内抄出水准线，并应从水准线量至吊顶设计高度，沿墙、柱弹出水准线，确定吊顶龙骨的下皮线。

② 安装边龙骨：按照设计要求固定边龙骨，边龙骨可固定在墙板上，也可固定在四周墙体上。

③ 安装横向龙骨：将横向龙骨固定在边龙骨上。

④ 安装顶板：按照设计要求安装吊顶板。

（2）有吊杆装配式吊顶的施工工艺如下：

① 放线：按照设计要求在顶板底部确定吊点位置，并沿房间四周弹射吊顶龙骨的下皮线。

② 安装吊杆：在吊点位置钻孔，安装吊杆。

③ 安装主龙骨：根据吊顶龙骨的下皮线使主龙骨就位，将主龙骨与吊杆固定并调平。

④ 安装次龙骨：采用专用龙骨固定件将次龙骨与主龙骨固定。

⑤ 安装横撑龙骨：在顶板拼接处安装横撑龙骨。

⑥ 安装边龙骨：边龙骨应沿墙面标高线固定，边龙骨不承重，只起封口作用。
⑦ 安装顶板：按照设计要求安装吊顶板。

3. 注意事项

吊顶系统安装前应完成吊顶内设备与管线的验收工作。吊顶饰面板上的灯具、风口等部品应按设计文件的规定进行安装，安装位置应准确，交接处应严密。当采用软膜天花时，应做好软膜天花与边框接口处理。

（1）免吊杆装配式吊顶的施工安装应符合下列要求：

① 边龙骨与墙面固定牢固，安装平直，阴阳角处应切割45°拼接，接缝应严密、平整。

② 吊顶板与边龙骨搭接处不应小于10mm。

③ 横龙骨与吊顶板连接应稳固，横龙骨与边龙骨接缝应整齐。

（2）有吊杆装配式吊顶的施工安装应符合下列要求：

① 吊杆宜采用直径不小于8mm的全牙镀锌吊杆，采用膨胀螺栓连接到顶部结构受力部位上。

② 吊杆应与龙骨垂直，距主龙骨端部距离不得超过300mm。当吊杆与设备相遇时，应调整吊点构造或增设吊杆。

13.3.4 装配式楼地面施工

1. 施工流程

基层清理→测量放线→放置可调节支撑构造→铺设架空模块→调平→固定架空模块→敷设地暖管→水压试验→铺设基层→铺设饰面层→接缝处理

2. 施工工艺

① 基层清理：安装前应认真清扫基层，地面如有凹凸不平之处，应用水泥砂浆填平或用錾子、钢丝刷清理干净。

② 测量放线：根据房间的长、宽尺寸，在地面弹出中心十字线。在墙面四周按设计要求弹出完成面标高控制线。根据排版图和地面十字线，在地面基层弹出架空模块分格线，纵横分割线交点为可调节支撑构造的定位点。

③ 放置可调节支撑构造：放置可调节支撑构造时应严格控制精度，确保可调节支撑构造底部中心和定位点重合，必要时采用胶粘方式将可调节支撑构造与结构地面连接牢固。

④ 铺设架空模块：按照由内而外的顺序铺设架空模块。相邻模块之间拼接紧密，单个房间内架空模块应在同一水平高度。当可调节支撑通过粘接方式和结构地面连接时，架空模块应在粘接剂产生一定强度后再进行铺设。

⑤ 调平：调整支撑构造高度时，应通过红外线水平仪、水平尺精确调整，确保每一个支撑构造都产生支撑作用，不得出现虚空的现象。

⑥ 固定架空模块：将架空模块与可调节支撑之间稳固连接，固定后的自攻钉的最高面不应高于架空模块高度。

⑦ 敷设地暖管：敷设前应对地暖模块的沟槽进行清理，沟槽内不应有毛刺异物等。安装时应防止地暖管扭曲，其中塑料管弯曲半径不应小于管道外径的8倍，铝塑

复合管的弯曲半径不应小于管道外径的 6 倍，铜管的弯曲半径不应小于管道外径的 5 倍。加热管和输配管不应有接头。在铺设过程中出现死折、渗漏等现象时，应当整根更换。

⑧ 水压试验：按照规范及设计要求对地暖管进行水压试验。

⑨ 铺设基层：按照自内而外的顺序进行铺设，基层板材之间应拼接紧密，拼缝平直。铺设过程中板缝错开长度不小于基层板的宽度。设有双基层的，第二道基层板材铺设方向应与第一道垂直。

⑩ 铺设饰面层：应根据图纸排版尺寸放十字铺装控制线，相邻地板宜采用企口连接。饰面层铺装完，安装踢脚线压住板缝。

⑪ 接缝处理：需要进行接缝处理的，接缝处理应至少在饰面板铺贴 24h 后进行。

3. 注意事项

装配式楼地面施工前应完成相关隐蔽工程验收。基层应清理干净，并应按设计图纸准确放线。装配式楼地面应按设计图纸布置可调节支撑构造，按设计要求标高进行调平。架空地板的支撑件应与地面基层连接牢固，架空高度应符合设计要求。架空地板与墙体交接处应做好封边处理。架空地板系统与地面基层间宜做减振处理。地面辐射供暖系统采用复合脆性面材时，应采取防开裂措施。非架空干铺地面系统的基层平整度和强度应满足干铺地面系统的铺装要求。饰面层铺装应根据图纸排板尺寸放十字铺装控制线，相邻地板宜采用企口连接。当采用地面辐射供暖系统时，应在辐射区与非辐射区、建筑物墙面与地面等交界处设置侧面或水平绝热层，防止热量渗出。

13.3.5 集成厨房施工

1. 施工流程

铺设地板→铺设墙面→安装吊顶→安装橱柜→安装厨房部品。

2. 施工工艺

① 铺设地板：集成厨房采用的装配式楼地面，其施工工艺与本章 13.3.4 相同。

② 铺设墙面：集成厨房采用的装配式墙面，其施工工艺与本章 13.3.2 相同。

③ 安装吊顶：集成厨房采用的装配式吊顶，其施工工艺与本章 13.3.3 相同。

④ 安装橱柜：施工前应将有橱柜安装的墙面、地面清理干净。根据预留位置安装吊柜挂片，连接吊柜吊码与挂件。最后安装地柜。

⑤ 安装厨房部品：按照设计要求安装灶具、抽油烟机等。

3. 注意事项

集成厨房施工前应完成相关隐蔽工程验收，并应按设计要求准确放线。集成厨房的墙板应与基层墙体连接牢靠，安装吊柜、燃气热水器等部品和设备的部位应进行加固处理。集成厨房的墙面与地面、吊顶、台面之间的连接部位应做密封处理。开关底盒及管线应固定牢固，无松动，底盒不得突出墙面板完成面。给排水管应固定牢固，无松动，内丝弯头不得突出墙面板完成面。

13.3.6 集成卫生间施工

1. 施工流程

敷设同层排水管线→铺设防潮膜→敷设给水管线→铺设架空模块→铺设柔性防水底盘→铺设墙面→安装吊顶→安装卫浴部品。

2. 施工工艺

① 敷设同层排水管线：确认排水立管符合施工图纸要求，并对支管连接口位置进行确认。根据图纸定位好排水点位，在地面做好标记，并根据排水图纸画好排水管线位置。根据水平坡度计算出排水点位的水平高低位置，并沿排水管线间隔 800mm 左右且每根管子不少于 1 个支架粘好支撑在地面上。根据施工图纸排放好连接接头，测量所需管材，选取所需直径的管子，并对裁切两头进行倒角处理，然后在倒角处涂抹凡士林等润滑剂。插接上连接接头，组装好排水管路，根据坡度调节好支架高度并固定。施工完成后应用闭水气囊封堵管道进行闭水试验，确认无渗漏后进行隐蔽验收。

② 铺设防潮膜：使用盒尺测量墙面高度和房屋周长，根据测量所得尺寸裁防潮膜。在防潮膜表面，自上而下使用带有止水胶圈的"丁"型胀塞连接固定横向轻钢龙骨。固定时要保证防潮膜表面平整。固定完毕后根据预留门窗洞口、水电点位的位置和尺寸在防潮膜上开孔洞。防潮膜应搭接在防水底盘内侧，且搭接宽度不小于 20mm，并使用双面胶带将防潮膜粘贴在防水底盘上。

③ 敷设给水管线：按照图纸弹好给水管线标识，在吊顶上隔 500mm 安装一个 PVC 扣卡，在相应的墙体位置间隔 700~800mm 安装一个 PVC 座卡。当在顶部与电路交叉时应在 PVC 扣卡加装"丁"型胀塞，方便调整 PVC 扣卡的水平高低。根据图纸所示位置，安装好水管加固单头平板配件或水管加固双头弯板配件，并控制预埋板和龙骨完成面形成 30mm 的带座弯头配件安装空间。安装管道应套好橡塑保温管，先按图纸要求固定好管道带座弯头一端，然后扣好管道，在顶部阴角处按 180mm 直径弯曲管道成 90°，直插接头朝向分水器。各支管安装好后，承插式接入端依次与承插式分水器紧密插接，然后用不锈钢卡簧扣住，并确认卡簧扣入环槽内。用同样方式连接主管道。根据技术交底要求，串联好户内各末端。在管井内或户内进行打压试验，且应用准确有效的压力标指示压力值，打压压力值应符合技术交底要求或施工技术文件要求，且保压不低于技术要求时间。

④ 铺设架空模块：用红外线水平仪对水平线进行标注，减去地板等地面铺设高度后确认模块施工完成面的高度。按图纸分区域和编号顺序整理架空模块，模块应按图纸要求顺序进行铺设。调整模块安装地脚螺丝后，从边部开始铺设模块。每个模块中先调好 3 个地脚，快速定准高度，在调整其他地脚。将该区域最后一块模块安装好，用靠尺靠取平整度并仔细调整好不到位模块的水平高度。水平高度调整好后，使用布基胶带封堵拼缝。

⑤ 铺设柔性防水底盘：预铺柔性防水底盘完成后，防水底盘边沿应大于墙板完成面投影，距墙板完成面不应小于 15mm。核实预留孔洞与同层排水专用地漏底座尺寸，确保位置无偏差。在基层表面间隔 100mm 使用硅酮结构胶设置胶点，按照预铺结果将防水底盘粘接在基层面上，保证预留孔洞上下吻合。使用螺丝连接同层排水专用地漏各部分组件与防水底盘。防水底盘粘接完成后将沙袋均匀布置在防水底盘上压实粘接等待复合完成。

⑥ 铺设墙面：集成厨房装配式墙面的施工工艺与本章 13.3.2 相同。

⑦ 安装吊顶：集成厨房装配式吊顶的施工工艺与本章 13.3.3 相同。

⑧ 安装卫浴部品：安装卫生洁具前，应核准安装控制线，并确认符合设计要求。卫生洁具安装完成后，应进行自检，确保无渗漏、堵塞现象。卫生洁具安装完成应做试水检查，保证水压正常、冲水顺畅。自检合格后，应打密封胶，并做好成品保护。卫生间收纳及配件安装前，应复核安装位置。卫生间收纳及配件应安装牢固。

3. 注意事项

集成卫生间安装前应完成相关隐蔽工程验收。当楼面结构层有防水要求时，应完成防水施工并验收合格。集成卫生间的施工安装应由专业人员进行，并应与其他施工工序进行协调。当采用整体卫生间时，宜优先安装整体卫生间，再施工安装整体卫生间周边墙体。

集成卫生间排水支管与主排水立管应连接牢靠，排水坡度符合设计要求。集成卫生间的门框门套应与防水底盘、壁板、外围合墙体做好收口处理和防水。当集成卫生间设置外窗时，壁板和窗洞口衔接处应通过窗套进行收口处理，并应做好防水。当安装卫生器具、卫浴配件、电气面板等部品时，应采取防水层保护措施。当地面采用整体防水底盘时，地漏应与整体防水底盘安装紧密，并做闭水试验。在集成卫生间安装过程中，应对已完成工序的半成品及成品进行保护。

13.3.7　收纳施工

收纳部品的预埋加固措施应验收合格。收纳部品的造型、安装位置及方法应符合设计要求，安装牢固。配件品种、规格应符合设计要求，且配件齐全，安装牢固。收纳部品的柜门和抽屉应开关灵活，回位正确，无翘曲、回弹现象。收纳部品的收口方式符合设计要求。有溅水部位的收口应严密。

13.3.8　内门窗施工

门窗应安装牢固，安装孔应与预埋件对应准确，固定方法应符合设计要求。门窗框与墙体（或基层板）之间的缝隙应采用弹性材料填嵌饱满，并用密封胶密封。门窗扇五金件应安装齐全，位置正确。门扇与门框之间宜安装密封条。移动门的上滑与下滑应对齐安装并牢固可靠。门扇与地面间的缝隙应符合设计要求。

(1) 窗框的施工工艺流程如下：

① 对施工工作面进行整理，施工工作面无不相干材料和其他部品。清理门窗洞口周边阻碍安装的残余水泥或其他建筑残渣，检查外窗是否存在渗漏。

② 核对洞口尺寸和测量尺寸是否有偏差，测量部件是否具备安装空间。

③ 把各部件在地上按安装位置围拢并组合好，用手锤敲击使部件咬合紧密。窗框安装后在两侧板和底板下打结构胶，在空挡地方打发泡胶，横头处打发泡胶。

④ 对于较宽洞口的窗户用木方支撑起中间，限制窗套中间位置下垂。

(2) 门的施工工艺流程如下：

① 根据图纸确定门的规格、开启方向、五金型号、安装位置，对门洞进行清理，测量尺寸是否符合安装要求。

② 拆除保护包装膜，保留正面保护膜，扣上门框并用粘贴在门框背面的螺丝把横

框和竖框连接在一起。

③ 将连接件固定于横立框连接处，确定方向后，先使钢框上端入墙，随后按顺序将下端推入墙内，注意不要划伤墙板。另一边相同操作。

④ 立框完成呈 V 字形，保证框间上大下小，之后将横框上推到位，推框时避免划伤饰面，横框到位后每边用钉固定于连接块上。

⑤ 三边门框完成后初调方正和垂直，每边用 2 个钉子临时固定，然后把门扇安装在门套上，注意合页侧的高低位置，门框和门扇上口留 2~2.5mm 间隙。

⑥ 闭合门扇，调整门套垂直和水平，并做简单固定。

⑦ 打开门扇，从门套框防撞条位置的孔洞内打适量发泡胶。关闭门扇，在门扇各边缝隙内垫好相应厚度的物品。

⑧ 待发泡胶发硬固化后安装好锁具，同时安装好门顶。清理发泡胶溢出物，安装密封条。

⑨ 闭合门扇，观察锁具的锁舌松紧程度，调整锁舌槽的位置。

13.3.9 设备与管线施工

设备与管线的施工安装应符合设计文件和国家现行相关标准的规定。设备与管线安装不得影响结构安全性以及部品的完整性。设备与管线的固定装置材料与设备管线材料应相互兼容，且固定装置的耐久年限应长于管线的耐久年限。设备与管线施工完成后，应由具备专业资质的人员对系统进行检查、检测和试验，验收合格并形成记录后方可隐蔽。

13.4 成品保护

成品保护应包括前端保护、过程保护与交付保护，应编制成品保护专项方案。前端保护指部品存放与使用的保护，应严格按厂家指引实施。过程保护包括工序交叉保护与自我保护。交付保护包括交付检验、一次交付与二次交付保护等。

各工序施工过程中不应破坏已完成工程的成品保护措施，且不应在成品上进行堆放及施工作业。各工序施工完成前，应准备成品保护所需的材料及用品。各工序施工完成且验收合格后，应按部品的使用及维护要求，执行成品保护工作。全部工序施工完成后，总承包单位应协调其他单位对施工现场进行彻底清洁和封闭管理，避免造成对成品的污染和损坏。

第 14 章 质量验收

14.1 一般规定

根据《建筑与市政工程施工质量控制通用规范》(GB 55032—2022)、《建筑工程施工质量验收统一标准》(GB 50300—2013)的规定,装配式装修工程验收应进行子分部工程验收、分项工程验收、检验批验收和隐蔽工程验收。

装配式装修工程检验批质量验收合格应符合下列规定:
(1) 主控项目的质量抽样检验应全数合格。
(2) 一般项目的质量抽样检验,计数合格率不应小于 80%,且不得有影响使用功能或明显影响装修效果的缺陷,允许偏差的检验项目最大偏差不得超过标准规定的允许偏差范围的 1.5 倍。
(3) 具有完整的施工操作依据、质量验收记录。

装配式装修工程分项工程质量验收合格应符合下列规定:
(1) 所含检验批的质量均应验收合格。
(2) 所含检验批的质量验收记录应完整。

装配式装修工程的质量验收合格应符合以下规定:
(1) 所含分项工程的质量均应验收合格。
(2) 质量控制资料应完整。
(3) 有关安全、节能、环境保护和主要使用功能的抽样检验结果合格。
(4) 观感质量应符合要求。
(5) 装配式装修工程验收文件应采用 BIM 数据模型和相应的电子化文件。

装配式装修工程中首次使用新技术、新工艺、新材料和新设备且专业验收标准未做出相应规定时,建设单位应组织监理、设计、施工等相关单位制定专项验收要求,涉及安全、节能、消防、环境保护等项目的专项验收要求,应组织专家论证、评审。

14.2 分项工程划分

根据《建筑与市政工程施工质量控制通用规范》(GB 55032—2022)、《建筑工程施工质量验收统一标准》(GB 50300—2013)的规定,装配式装修工程的分项工程见表 14-1。当建筑工程只有装饰装修分部工程时,该工程应作为单位工程验收。

表 14-1 装配式装修分项工程划分

项次	分部工程	子分部工程	分项工程
1	装饰装修工程	装配式装修工程	装配式隔墙工程
2			装配式墙面工程
3			装配式吊顶工程
4			装配式楼地面工程
5			集成厨房
6			集成卫生间
7			收纳
8			内门窗
9			设备与管线

装配式装修工程所用材料、部品的品种、规格、性能、图案、颜色、燃烧等级、材料兼容性能等应符合设计要求和现行国家、行业、地方标准的相关规定，并应进行进场检验。涉及安全、节能、环境保护和主要使用功能的重要材料和部品，应进行复验。所有材料、部品在进场检验时，都应有产品合格证书、使用说明书及性能检测报告。进口产品应有出入境商品检验、检疫合格证明。

装配式装修工程检验批验收应有现场检查原始记录。隐蔽工程验收应有隐蔽部位照片和隐蔽部位施工过程影像的记录。隐蔽工程施工过程影像记录应包括隐蔽工程每一道工序施工前状态、施工过程关键步骤和施工完成后三个阶段的照片或影像文件，并与隐蔽工程记录共同归档。隐蔽工程隐蔽前，施工单位应通知监理单位进行验收并形成验收文件，验收合格后方可继续施工。

装配式装修工程具备穿插施工条件时可提前进行主体工程验收。在装配式装修工程质量验收前，应委托具有相应资质的检测机构对室内环境进行检测，并应符合现行国家标准《民用建筑工程室内环境污染控制规范》（GB 50325）的规定。装配式装修工程验收时应提供安全与环保专项方案以及相应的实施报告。

14.3 装配式隔墙验收

14.3.1 检验批划分

同一类型的装配式隔墙工程每层或每 50 间应划分为一个检验批，不足 50 间也应划分为一个检验批。大面积房间和走廊可按装配式隔墙 $30m^2$ 计为一间。装配式隔墙工程每个检验批应至少抽查 20%，并不得少于 3 间，不足 3 间时应全数检查。

14.3.2 材料验收

（1）装配式隔墙部品的品种、规格、性能、外观、燃烧等级、污染物（氡、甲醛、苯、甲苯、二甲苯、氨）释放量等应符合设计要求和国家现行有关标准的规定。

检验方法：观察；检查产品合格证书、进场验收记录和性能检测报告。

（2）龙骨隔墙所用龙骨、配件、墙面板、填充与嵌缝材料的品种、规格、性能应符合设计要求。有隔声、隔热、阻燃、防潮等特殊要求的工程，材料应有相应性能等级的检测报告。

检验方法：观察；检查产品合格证书、进场验收记录、性能检测报告和复验报告。

14.3.3 安装质量验收

（1）龙骨隔墙的龙骨间距、数量、规格应符合设计要求，饰面板应连接牢固，板块之间的接缝工艺应密闭。

检验方法：手扳；检查进场验收记录、隐蔽工程验收记录和施工记录。

（2）龙骨隔墙的天地龙骨应与基层构造连接牢固，并应平整、垂直、位置正确。

检验方法：手扳；尺量；检查隐蔽工程验收记录。

（3）龙骨隔墙内的填充材料应干燥，填充应密实、均匀、无下坠。

检验方法：轻敲；检查隐蔽工程验收记录。

（4）龙骨隔墙上的孔洞、槽、盒应位置正确、套割方正、边缘整齐。

检验方法：观察。

（5）条板隔墙的预埋件、连接件的位置、规格、数量和连接方法应符合设计要求。

检验方法：观察；尺量；检查隐蔽工程验收记录。

（6）条板隔墙的条板之间、条板与建筑主体结构的结合应牢固、稳定，连接方法应符合设计要求。

检验方法：观察；手扳。

（7）隔墙的管线接口位置应符合设计要求。

检验方法：查阅设计文件；观察；尺量。

（8）饰面板应连接牢固，板块之间的接缝工艺应密闭。

检验方法：观察；手扳。

14.3.4 外观质量验收

装配式隔墙应平整、光滑、洁净、色泽均匀，接缝应均匀、顺直，造型、图案颜色、排布形式和外形尺寸应符合设计要求，不得有裂痕、磨痕、翘曲、裂缝和缺损。

检验方法：观察；查阅设计文件；尺量。

14.3.5 尺寸偏差验收

装配式隔墙及墙面工程的允许偏差和检验方法应符合表14-2的规定。

表14-2 装配式隔墙允许偏差和检验方法

序号	项目	允许偏差（mm）	检验方法
1	立面垂直度	3.0	用2m垂直检测尺检查
2	表面平整度	3.0	用2m靠尺和塞尺检查
3	阴阳角方正	3.0	用直角检测尺检查
4	接缝高低差	1.0	用钢直尺和塞尺检查

续表

序号	项目	允许偏差（mm）	检验方法
5	接缝直线度	2.0	拉5m线，不足5m拉通线，用钢直尺检查
6	压条直线度	2.0	拉5m线，不足5m拉通线，用钢直尺检查

14.4 装配式墙面验收

14.4.1 检验批划分

同一类型的装配式墙面工程每层或每30间应划分为一个检验批，不足30间也应划分为一个检验批。大面积房间及走廊可按装配式墙面30m^2计为一间。装配式墙面工程每个检验批应至少抽查20%，并不得少于4间，不足4间时应全数检查。

14.4.2 材料验收

装配式墙面部品的品种、规格、性能、外观、燃烧等级、污染物（氡、甲醛、苯、甲苯、二甲苯、氨）释放量等应符合设计要求和国家现行有关标准的规定。

检验方法：观察；检查产品合格证书、进场验收记录和性能检测报告。

14.4.3 安装质量验收

（1）装配式墙面应安装牢固、平整、垂直，接缝工艺应密闭、美观。

检验方法：手扳；检查进场验收记录、隐蔽工程验收记录和施工记录。

（2）装配式墙面与承重墙体、地面、吊顶的连接位置及方式应符合设计要求，并进行隐蔽工程项目验收。

检验方法：查阅设计文件、产品检测报告；观察；尺量；查阅隐蔽工程验收记录。

（3）装配式墙面的设备管线、填充材料的性能规格及门窗洞口加强措施应符合设计要求，并进行隐蔽工程项目验收。

检验方法：查阅设计文件、产品检测报告；观察；尺量；查阅隐蔽工程验收记录。

14.4.4 外观质量验收

（1）装配式墙面表面应平整、洁净、色泽均匀，墙面造型、图案颜色、排布形式和外形尺寸应符合设计要求。

检验方法：观察；查阅设计文件；尺量。

（2）装配式墙面上的孔洞应套割吻合，边缘应整齐。

检验方法：观察；尺量。

（3）装配式墙面饰面板嵌缝应密实、平直，宽度和深度应符合设计要求，嵌填材料色泽应一致。

检验方法：观察；尺量。

14.4.5 尺寸偏差验收

装配式墙面工程的允许偏差和检验方法应符合表 14-3 的规定。

表 14-3 装配式墙面允许偏差和检验方法

序号	项目	允许偏差（mm）	检验方法
1	立面垂直度	2.0	用 2m 垂直检测尺检查
2	表面平整度	1.5	用 2m 靠尺和塞尺检查
3	阴阳角方正	3.0	用直角检测尺检查
4	接缝高低差	1.0	用钢直尺和塞尺检查
5	接缝直线度	2.0	拉 5m 线，不足 5m 拉通线，用钢直尺检查
6	接缝宽度	1.0	用钢直尺检查

14.5 装配式吊顶验收

14.5.1 检验批划分

同一类型的装配式吊顶工程每层或每 30 间应划分为一个检验批，不足 30 间也应划分为一个检验批。大面积房间和走廊可按装配式吊顶 30m² 计为一间。装配式吊顶工程每个检验批应至少抽查 20%，并不得少于 3 间，不足 3 间时应全数检查。

14.5.2 材料验收

装配式吊顶饰面板的材质、品种、图案颜色、机械性能、燃烧性能等应符合设计要求及国家现行有关标准的规定。潮湿部位应采用防潮材料并有防结露、防滴水、排放冷凝水等措施。

检验方法：观察；检查产品合格证书、性能检测报告、进场验收记录和复验报告。

14.5.3 安装质量验收

（1）装配式吊顶所用吊杆、龙骨、连接件的质量、规格、安装间距、连接方式及加强处理应符合设计要求，金属吊杆、龙骨及连接件等应采用防腐材料或采取防腐措施，材料应相互兼容，防止电化学腐蚀。

检验方法：观察；尺量；检查产品合格证书、进场验收记录和隐蔽工程验收记录。

（2）装配式吊顶标高、尺寸、造型应符合设计要求。

检验方法：观察；尺量。

（3）装配式吊顶所用饰面板安装应稳固严密，当饰面板为易碎或重型部品时应有可靠的安全措施。

检验方法：观察；手扳；尺量。

（4）重型设备和有振动荷载的设备严禁安装在装配式吊顶的连接件上。

检验方法：观察。

(5) 饰面板上的灯具、烟感、温感、喷淋头等相关设备的安装位置应符合设计要求，与饰面板的交接处应严密。

检验方法：观察。

(6) 潮湿部位应采用防潮材料并有防结露、防滴水、排放冷凝水等措施。

检验方法：观察。

14.5.4 外观质量验收

饰面板表面应洁净、边缘应整齐、色泽一致，不得有翘曲、裂缝及缺损。饰面板与连接构造应平整、吻合，压条应平直、宽窄一致。

检验方法：观察；尺量。

14.5.5 尺寸偏差验收

装配式吊顶的允许偏差和检验方法应符合表14-4的规定。

表14-4 装配式吊顶允许偏差和检验方法

序号	项目	允许偏差（mm）	检验方法
1	接缝直线度	3.0	拉5m线，不足5m拉通线，用钢直尺检查
2	接缝高低差	1.0	用钢尺和塞尺检测
3	表面平整度	2.0	用2m靠尺或塞尺检查

14.6 装配式楼地面验收

14.6.1 检验批划分

同一类型的装配式楼地面工程每层或每30间应划分为一个检验批，不足30间也应划分为一个检验批。大面积房间和走廊可按装配式地面30m²计为一间。装配式楼地面工程每个检验批应至少抽查20%，并不得少于3间，不足3间时应全数检查。

14.6.2 材料验收

（1）装配式楼地面所用可调节支撑、基层衬板、面层材料的品种、规格、性能应符合设计要求。

检验方法：观察；查阅设计文件；检查产品合格证书。

（2）装配式楼地面可调节支撑的防腐性能、支撑强度和面层材料的耐磨、防潮、阻燃、耐污染、耐腐蚀等性能，应符合设计要求及现行国家标准《建筑地面工程施工质量验收规范》（GB 50209—2010）的相关规定。

检验方法：观察；检查产品合格证书、性能检测报告和进场验收记录。

14.6.3 安装质量验收

（1）装配式地面面层应安装牢固、无松动，走动无异响，无裂纹、划痕、磨痕、掉角、缺棱等现象。

检验方法：观察；踩踏、行走。

（2）装配式楼地面面层与墙面或地面凸出物周围套割应吻合，边缘应整齐。与踢脚板交接应紧密，缝隙应顺直。

检验方法：观察；尺量。

（3）地面辐射供暖的安装应在辐射区与非辐射区、建筑物墙体、地面等交界部位设置侧面绝热层，防止热量渗出。地面辐射供暖管线的安装应符合现行行业标准《辐射供暖供冷技术规程》（JGJ 142—2012）的相关规定。

检验方法：观察；尺量。

（4）架空地板系统的铺设、安装应符合现行国家标准《建筑地面工程施工质量验收规范》（GB 50209—2010）的相关规定。

检验方法：观察；尺量。

14.6.4 外观质量验收

（1）装配式楼地面面层的排列应符合设计要求，表面洁净、接缝均匀、缝格顺直。

检验方法：观察。

（2）装配式楼地面与其他面层连接处、收口处和墙边、柱子周围应顺直、压紧。

检验方法：观察。

14.6.5 尺寸偏差验收

装配式楼地面的允许偏差和检验方法应符合表 14-5 的规定。

表 14-5　装配式楼地面的允许偏差和检验方法

序号	项目	允许偏差（mm）	检验方法
1	表面平整度	2.0	用 2m 靠尺和塞尺检查
2	接缝高低差	0.5	用钢尺和塞尺检查
3	表面拼缝平直	3.0	拉 5m 线，不足 5m 拉通线，用钢直尺检查
4	踢脚线上口平直	2.0	拉 5m 线，不足 5m 拉通线，用钢直尺检查
5	板块间隙宽度	1.5	用钢尺检查

14.7　集成厨房验收

14.7.1　检验批划分

同一类型的集成厨房每 10 间应划分为一个检验批，不足 10 间也应划分为一个检验批。集成厨房每个检验批应至少抽查 30%，并不得少于 3 间，不足 3 间时应全数检查。

14.7.2　材料验收

集成厨房所用部品、橱柜、设施、设备的规格、型号、外观、颜色、性能、使用功能应符合设计要求和国家现行有关标准的规定。

检验方法：观察；手试；检查产品合格证书、进场验收记录和性能检验报告。

14.7.3 安装质量验收

（1）集成厨房的功能、配置、布置形式、使用面积、空间尺寸、部件尺寸应符合设计要求和国家现行有关标准的规定。厨房门窗位置、尺寸和开启方式不应妨碍厨房设施、设备的安装与使用。

检验方法：观察；尺量。

（2）集成厨房设施、设备的安装应牢固严密、不松动。与隔墙连接时应采取加强措施，满足厨房设施设备固定的荷载要求。

检验方法：观察；手试；检查隐蔽工程验收记录和施工记录。

（3）集成厨房的给水、排水、燃气、排烟、电气等预留接口、孔洞的数量、位置、尺寸应符合设计要求。

检验方法：观察；尺量；检查隐蔽工程验收记录和施工记录。

（4）集成厨房的给水、排水、燃气、排烟等管道接口和涉水部位连接处的密封应符合设计要求，不得有渗漏现象。

检验方法：观察；手试。

（5）集成厨房内的灯具、风口和检修口等设备设施的位置应符合设计要求，与面板处的交接应吻合、严密。

检查方法：观察；手试。

14.7.4 外观质量验收

（1）集成厨房的表面应严密、平整、洁净，无脱胶、变形、鼓包、毛刺、裂纹、划痕、锐角、污渍或损伤等现象，外露的裁割部位应进行封边处理。

检验方法：观察；手试。

（2）集成厨房柜体的排列应合理、美观，柜体间、柜体与台面板的排列应紧密、平整，结合处应牢固。

检验方法：观察。

（3）集成厨房的橱柜、台面、抽油烟机等部品、设备与墙面、顶面、地面处的交接、嵌合应严密，交接线应顺直、清晰、美观。

检验方法：观察；手试。

（4）集成厨房柜门和抽屉安装应连接牢固、开关灵活、不松动，回位正确且无阻滞现象。

检查方法：观察；手试。

（5）集成厨房的设施外观应清洁、无污损。

检查方法：观察。

（6）集成厨房的面层表面应洁净、色泽一致，不得有翘曲、裂缝及缺损，压条应平直、宽窄一致。

检查方法：观察；手试。

14.7.5 尺寸偏差验收

集成厨房的允许偏差和检验方法应符合表 14-6 的规定。

表 14-6 集成厨房的允许偏差和检验方法

序号	项目	允许偏差（mm）			检验方法
		防水盘	墙面	吊顶	
1	内外设计标高差	2.0	/	/	用钢直尺检查
2	阴阳角方正	/	2.0	/	200mm 直角检测尺检查
3	立面垂直度	/	3.0	/	2m 垂直检查尺检查
4	表面平整度	2.0	2.0	2.0	2m 靠尺和塞尺检查
5	地面接缝高低差	0.3	0.5	0.5	钢直尺和塞尺检查

14.8 集成卫生间验收

14.8.1 检验批划分

同一类型的集成卫生间每 10 间应划分为一个检验批，不足 10 间也应划分为一个检验批。集成卫生间每个检验批应至少抽查 50%，并不得少于 3 间，不足 3 间时应全数检查。

14.8.2 材料验收

集成卫生间所用部品、洁具、设施、设备的规格、型号、外观、颜色、性能等应符合设计要求和国家现行有关标准的规定。

检验方法：观察；手试；检查产品合格证书、型式检验报告、产品说明书、安装说明书、进场验收记录和性能检验报告。

14.8.3 安装质量验收

（1）集成卫生间的功能、配置、布置形式及内部尺寸应符合设计要求和国家现行有关标准的规定。

检验方法：观察；尺量。

（2）集成卫生间的防水底盘安装位置应准确，与地漏孔、排污孔等预留孔洞位置对正，连接良好。

检验方法：观察。

（3）集成卫生间的连接构造应符合设计要求，安装牢固严密、不松动。设备、设施与隔墙连接应采取加强措施，满足荷载要求。

检验方法：观察；手试；检查隐蔽工程验收记录和施工记录。

（4）集成卫生间安装完成后应做满水和通水试验，满水后各连接件不渗不漏，通水试验给水排水畅通。各涉水部位连接处的密封应符合设计要求，不得有渗漏现象。地面坡向、坡度应正确，无积水。

检验方法：观察；满水、通水、淋水、泼水试验。

（5）集成卫生间给水、排水、电气、通风等预留接口、孔洞的数量、位置、尺寸应符合设计要求，不偏位错位，不得现场开凿。

检验方法：观察；尺量；检查隐蔽工程验收记录和施工记录。

（6）集成卫生间板材拼缝处应有密封防水处理。

检验方法：观察。

（7）集成卫生间的卫生器具排水配件应设存水弯，不得重叠存水。

检验方法：手试；观察。

（8）集成卫生间柜门和抽屉应安装牢固、开关灵活、不松动，回位正确且无阻滞现象。

检查方法：观察；手试。

14.8.4 外观质量验收

（1）集成卫生间部品、设施、设备表面应平整、光洁，无变形、毛刺、裂纹、划痕、锐角、污渍，金属的防腐措施和木器的防水措施到位。

检验方法：观察；手试。

（2）集成卫生间柜体间、柜体与台面板的排列应紧密、平整，结合处应牢固。

检查方法：观察；手试。

（3）集成卫生间家具部品与楼地面、墙面、吊顶处的交接、嵌合应严密，交接线应顺直、清晰、美观。

检查方法：观察；手试。

（4）集成卫生间的洁具、灯具、风口等部品、设备安装位置应合理，与面板处的交接应严密、吻合，交接线应顺直、清晰、美观。

检验方法：观察；手试。

（5）集成卫生间板块面层的排列应合理、美观。

检验方法：观察。

（6）集成卫生间面层应洁净、色泽一致，不得有翘曲、裂缝及缺损，压条应平直、宽窄一致。

检查方法：观察；手试。

14.8.5 尺寸偏差验收

集成卫生间的允许偏差和检验方法应符合表14-7的规定。

表14-7 集成卫生间安装允许偏差和检验方法

项目	允许偏差（mm）			检验方法
	防水盘	壁板	顶板	
内外设计标高差	2.0	/	/	用钢直尺检查
阴阳角方正	/	3.0	/	用200mm直角检测尺检查
立面垂直度	/	3.0	/	用2m垂直检测尺检查

续表

项目	允许偏差（mm）			检验方法
	防水盘	壁板	顶板	
表面平整度	/	3.0	3.0	用2m靠尺和塞尺检查
接缝高低差	/	1.0	1.0	用钢直尺和塞尺检查
接缝宽度	/	1.0	2.0	用钢直尺检查

14.9 收纳验收

14.9.1 检验批划分

同类收纳应每30间（处）划分为一个检验批，不足30间（处）也应划分为一个检验批，每个检验批应至少抽查3间（处），不足3间（处）时应全数检查。

14.9.2 材料验收

收纳所用材料的材质、规格、性能、有害物质限量应符合设计要求及国家现行标准的有关规定。

检验方法：观察；检查产品合格证书、进场验收记录、性能检验报告和复验报告。

14.9.3 安装质量验收

（1）收纳安装预埋件或后置埋件的数量、规格、位置应符合设计要求。

检验方法：检查隐蔽工程验收记录和施工记录。

（2）收纳的造型、尺寸、安装位置、制作和固定方法应符合设计要求，安装应牢固。

检验方法：观察；尺量；手扳。

（3）收纳配件的品种、规格应符合设计要求。配件应齐全，安装应牢固。

检验方法：观察；手扳；检查进场验收记录。

（4）抽屉和柜门应开关灵活、回位正确。

检验方法：观察；手试开启和关闭。

14.9.4 外观质量验收

（1）收纳表面应平整、洁净、色泽一致，不得有裂缝、翘曲及损坏。

检验方法：观察。

（2）收纳裁口应顺直，拼缝应严密。

检验方法：观察。

14.9.5 尺寸偏差验收

收纳安装的允许偏差和检验方法应符合表14-8的规定。

表 14-8 收纳安装的允许偏差和检验方法

项次	项目	允许偏差（mm）	检验方法
1	外形尺寸	3.0	用钢尺检查
2	对角线长度之差	3.0	钢尺检查
3	立面垂直度	2.0	用1m垂直检测尺检查
4	门与框架的平行度	2.0	用钢尺检查
5	部件相邻表面高差	1.0	用钢直尺和塞尺检查
6	部件拼角缝隙高差	0.5	用钢直尺和塞尺检查
7	收纳部品与墙体的平行度	2.0	用钢尺检查
8	门与柜体缝隙宽度	2.0	用钢尺检查

14.10 内门窗验收

14.10.1 检验批划分

同一品种、类型和规格的门窗应每50樘划分为一个检验批，不足50樘也应划分为一个检验批。每个检验批应至少抽查10%，并不得少于3樘，不足3樘时应全数检查。

14.10.2 材料验收

门窗品种、类型、规格、尺寸、开启方向、安装位置、连接方式及性能应符合设计要求。

检验方法：观察；尺量；检查产品合格证书、性能检验报告、进场验收记录和复验报告；检查隐蔽工程验收记录。

14.10.3 安装质量验收

（1）门窗框与墙体间的安装孔应与连接件对应准确，门窗框应保持水平与垂直，安装牢固。

检验方法：观察；手扳；检查隐蔽工程验收记录。

（2）门窗扇安装应牢固，开关灵活、关闭严密、无倒翘。推拉门窗扇必须有防脱落措施。合页安装牢固，开闭无噪声。

检验方法：观察；手扳；启闭。

（3）门窗扇五金件的型号、规格和数量应符合设计要求，安装应牢固，位置应正确，功能应满足使用要求。

检验方法：观察；手扳；启闭。

14.10.4 外观质量验收

（1）门窗表面应洁净、平整、光滑，颜色应均匀一致。可视面应无划痕、碰伤等缺陷，门窗不得有焊角开裂和型材断裂等现象。

检验方法：观察。

（2）门窗上的槽和孔应边缘整齐，无毛刺。

检验方法：观察。

（3）门窗扇的橡胶密封条应安装完好，不得脱槽。

检验方法：观察；启闭。

14.10.5 尺寸偏差验收

（1）平开木门窗安装的留缝限值、允许偏差和检验方法应符合表14-9的规定。

表14-9 平开木门窗安装的留缝限值、允许偏差和检验方法

项次	项目	留缝限值（mm）	允许偏差（mm）	检验方法
1	门窗框的正、侧面垂直度	/	2	用1m垂直检测尺检查
2	框与扇接缝高低差	/	1	用塞尺检查
3	扇与扇接缝高低差	/	1	用塞尺检查
4	门窗扇对口缝	1~4	/	用塞尺检查
5	门窗扇与上框间留缝	1~3	/	用塞尺检查
6	门窗扇与合页侧框间留缝	1~3	/	用塞尺检查
7	门扇与下框间留缝	3~5	/	用塞尺检查
8	窗扇与下框间留缝	1~3	/	用塞尺检查
9	无下框时门扇与地面间留缝	4~8	/	用塞尺检查
10	框与门扇搭接宽度	/	2	用钢直尺检查
11	框与窗扇搭接宽度	/	1	用钢直尺检查

（2）金属门窗安装的允许偏差和检验方法应符合表14-10的规定。

表14-10 金属门窗安装的允许偏差和检验方法

项次	项目		允许偏差（mm）	检验方法
1	门窗槽口宽度、高度	≤1500mm	1.5	用钢尺检查
		>1500mm	2	
2	门窗槽口对角线长度差	≤2000mm	3	用钢尺检查
		>2000mm	4	
3	门窗框的正、侧面垂直度		2.5	用1m垂直检测尺检查
4	门窗横框水平度		2	用1m水平尺和塞尺检查
5	门窗横框标高		5	用钢尺检查
6	门窗竖向偏离中心		5	用钢尺检查
7	双层门窗内外框间距		4	用钢尺检查
8	推拉门窗扇与框搭接量		1.5	用塞尺检查

(3) 塑料、复合材质门窗安装的允许偏差和检验方法应符合表 14-11 的规定。

表 14-11 塑料、复合材质门窗安装的允许偏差和检验方法

项次	项目		允许偏差（mm）	检验方法
1	门窗槽口宽度、高度	≤1500mm	2	用钢尺检查
		>1500mm	3	
2	门窗槽口对角线长度差	≤2000mm	3	用钢尺检查
		>2000mm	5	
3	门窗框的正、侧面垂直度		3	用 1m 垂直检测尺检查
4	门窗横框水平度		3	用 1m 水平尺和塞尺检查
5	门窗横框标高		5	用钢尺检查
6	门窗竖向偏离中心		5	用钢尺检查
7	双层门窗内外框间距		4	用钢尺检查
8	同樘平开窗相邻扇高度差		2	用钢直尺检查
9	平开门窗铰链部位配件间隙		+2；-1	用塞尺检查
10	推拉门窗扇与框搭接量		+1.5；-2.5	用塞尺检查
11	推拉门窗扇与竖框平行度		2	用 1m 水平尺和塞尺检查

14.11 设备与管线窗验收

设备管线检验批可依据现行国家标准《建筑工程施工质量验收统一标准》（GB 50300—2013）及相关专业施工质量验收规范进行划分。相关专业施工质量验收规范包括《建筑给水排水及采暖工程施工质量验收规范》（GB 50242—2002）、《通风与空调工程施工质量验收规范》（GB 50243—2016）、《建筑电气工程施工质量验收规范》（GB 50303—2015）和《智能建筑工程质量验收规范》（GB 50339—2013）等。

14.12 验收文件

装配式装修工程的质量验收应对工业化内装修工程所涉及的文件进行检验并归档。检验文件应包括以下文件及记录：

(1) 完整的施工图纸及相关设计文件；
(2) BIM 和相关电子化文件，如建筑竣工时应提供附运维信息的每层、每单元或每户公用管线与设备三维轴测图；
(3) 满足设计要求的部品性能检测报告；
(4) 产品质量合格证书和进场验收记录；
(5) 所选用材料的复验报告；
(6) 首次使用新技术、新工艺、新材料和新设备时，应提交相应的评审报告；
(7) 安全与环保专项方案；
(8) 各项安装施工检查记录；

（9）隐蔽工程验收记录；

（10）施工记录。

装配式装修工程验收合格后，所有检验文件应按档案馆标准进行收集、整理、立卷、归档，形成项目竣工验收文件，并将相关资料移交给房屋使用方、物业管理方和相关单位并办理书面移交手续，作为后期运营维护、保修的基本资料。

第 15 章　装配式装修的评价方法与等级判定

15.1　一般要求

15.1.1　评价单元

民用建筑装配化装修系统等级评价以单体建筑作为计算单元和评价单元。单体建筑按项目规划批准文件的建筑编号进行确认。建筑由主楼和裙房组成时，主楼和裙房可按不同的单体建筑进行计算和评价。单体建筑的层数不大于 3 层，且地上建筑面积不超过 500m² 时，可由多个单体建筑组团作为计算和评价单元。单体建筑评价范围为首层建筑地面（有地下室的为顶板建筑面层）以上的全部楼层。地下工程采用装配式装修时，可作为独立单元进行计算和评价。既有建筑室内装配式装修改造应以改造部分作为计算和评价单元。

15.1.2　预评价与竣工评价

装配式装修评价应分预评价和竣工评价两阶段进行。新建、改建、扩建民用建筑应在建筑施工图设计阶段或装修施工图设计阶段计算装配式装修技术评分并进行预评价。既有建筑室内装配式装修改造时，应在装修施工图设计阶段计算装配式装修技术评分并进行预评价。项目评价应在项目竣工验收前进行，并应按实际完成情况及相关证明文件复核装配式装修技术评分和确定评价等级。

15.1.3　评分计算

居住建筑和公共建筑装配式装修技术总评分应分别根据表 15-1、表 15-2 中技术项分值按下式计算：

$$P=\frac{Q_1+Q_2+Q_3+Q_4+Q_5}{100-Q_6}\times 100 \tag{15-1}$$

式中：P——装配式装修技术总评分；

Q_1——设计协同与标准化指标实际评价分值；

Q_2——材料指标实际评价分值；

Q_3——工艺指标实际评价分值；

Q_4——智能化与信息化指标实际评价分值；

Q_5——室内环境指标实际评价分值；

Q_6——评价项目范围内缺少的技术项分值总和，缺少的技术项分值取各技术项所对应的技术得分最低值。

表 15-1 居住建筑装配化装修评分表

评价项			应用比例	评价要求	评价分值	最低分值	实际分值
设计协同与标准化（15分）	装修与建筑一体化设计		/	按 15.2.1 条相关要求	5	10	Q_1
	集成设计与部品选型		/	按 15.2.1 条相关要求	4		
	标准化设计	吊顶部品标准化设计	q_{1a}	应用比例≥50%	2		
		墙面部品标准化设计	q_{1b}	应用比例≥50%	2		
		楼地面部品标准化设计	q_{1c}	应用比例≥50%	2		
材料（6分）	绿色建材		q_{2a}	50%≤应用比例≤80%	2~5*	2	Q_2
	废弃材料再利用		q_{2b}	应用比例≥50%	1		
工艺（64分）	装配式隔墙		q_{3a}	50%≤应用比例≤80%	2~7*	30	Q_3
	装配式墙面		q_{3b}	50%≤应用比例≤80%	2~7*		
	装配式吊顶		q_{3c}	20%≤应用比例≤50%	2~7*		
	装配式楼地面		q_{3d}	50%≤应用比例≤80%	2~7*		
	集成厨房		q_{3e}	70%≤应用比例≤90%	2~7*		
	集成卫生间		q_{3f}	70%≤应用比例≤90%	2~7*		
	收纳		/	按 15.2.3 条相关要求	2		
	内门窗		/	按 15.2.3 条相关要求	2		
	管线分离	给排水管与主体结构分离	q_{3g}	60%≤应用比例≤80%	2~4*		
		电气管线与主体结构分离	q_{3h}	30%≤应用比例≤60%	2~4*		
		通风和供暖管与主体结构分离	q_{3i}	60%≤应用比例≤80%	2~4*		
	可逆安装	墙面饰面材料可逆安装	q_{3j}	应用比例≥50%	2		
		吊顶饰面材料可逆安装	q_{3k}	应用比例≥50%	2		
		楼地面饰面材料可逆安装	q_{3l}	应用比例≥50%	2		
智能化与信息化（8分）	BIM 技术应用		/	按 15.2.4 条相关要求	2	4	Q_4
	可追溯性管理系统		/	按 15.2.4 条相关要求	2		
	智能建造设备应用		/	按 15.2.4 条相关要求	2		
	全屋智能应用		/	按 15.2.4 条相关要求	2		
室内环境（7分）	装饰装修选材		/	按 15.2.4 条相关要求	3	4	Q_5
	室内环境质量		/	按 15.2.4 条相关要求	4		

注：1. 表中带"*"项的分值采用"内插法"计算，计算结果四舍五入取小数点后 1 位。
2. 评价项目中列出应用比例区间范围的，如果实际计算的应用比例小于区间范围的最小值，则评价分值取 0 分；如果实际计算的应用比例大于区间范围的最大值，则评价分值取最大值。
3. 既有建筑只对室内装修改造时，装修与建筑一体化设计、装配式隔墙可作为缺少的技术项。
4. 计算范围可不含避难层、车库、楼梯间、设备间、电梯井、管井内部区域。

表 15-2 公共建筑装配式装修评分表

评价项			应用比例	评价要求	评价分值	最低分值	实际分值
设计协同与标准化（14分）	装修与建筑一体化设计		/	按15.2.1条相关要求	5	10	Q_1
	集成设计与部品选型		/	按15.2.1条相关要求	3		
	标准化设计	吊顶部品标准化设计	q_{1a}	应用比例≥50%	2		
		墙面部品标准化设计	q_{1b}	应用比例≥50%	2		
		楼地面部品标准化设计	q_{1c}	应用比例≥50%	2		
材料（6分）	绿色建材		q_{2a}	50%≤应用比例≤80%	2～5*	2	Q_2
	废弃材料再利用		q_{2b}	应用比例≥50%	1		
工艺（65分）	装配式隔墙		q_{3a}	50%≤应用比例≤80%	2～7*	30	Q_3
	装配式墙面		q_{3b}	50%≤应用比例≤80%	2～7*		
	装配式吊顶		q_{3c}	50%≤应用比例≤80%	2～9*		
	装配式楼地面		q_{3d}	50%≤应用比例≤80%	2～10*		
	集成厨房		q_{3e}	/	/		
	集成卫生间		q_{3f}	70%≤应用比例≤90%	2～9*		
	收纳		/	/	/		
	内门窗		/	按15.2.3条相关要求	2		
	管线分离	给排水管与主体结构分离	q_{3g}	60%≤应用比例≤80%	2～5*		
		电气管线与主体结构分离	q_{3h}	30%≤应用比例≤60%	2～5*		
		通风和供暖管与主体结构分离	q_{3i}	60%≤应用比例≤80%	2～5*		
	可逆安装	墙面饰面材料可逆安装	q_{3j}	应用比例≥50%	2		
		吊顶饰面材料可逆安装	q_{3k}	应用比例≥50%	2		
		楼地面饰面材料可逆安装	q_{3l}	应用比例≥50%	2		
智能化与信息化（8分）	BIM技术应用		/	按15.2.4条相关要求	2	4	Q_4
	可追溯性管理系统		/	按15.2.4条相关要求	2		
	智能建造设备应用		/	按15.2.4条相关要求	2		
	全屋智能应用		/	按15.2.4条相关要求	2		
室内环境（7分）	装饰装修选材		/	按15.2.5条相关要求	3	4	Q_5
	室内环境质量		/	按15.2.5条相关要求	4		

注：1. 表中带"*"项的分值采用"内插法"计算，计算结果四舍五入取小数点后1位。
2. 评价项目中列出应用比例区间范围的，如果实际计算的应用比例小于区间范围的最小值，则评价分值取0分；如果实际计算的应用比例大于区间范围的最大值，则评价分值取最大值。
3. 既有建筑只对室内装修改造时，装修与建筑一体化设计、装配式隔墙可作为缺少的技术项。
4. 计算范围可不含避难层、车库、楼梯间、设备间、电梯井、管井内部区域。

15.2 评价细则

15.2.1 设计协同与标准化

1. 装修与建筑一体化设计

新建民用建筑装配式装修应协同建筑、结构、给水排水、供暖、通风和空调、电气、智能化等各专业进行二、三维协同设计。当建筑施工图送审时,施工图应体现装配式装修的相关内容,并明确部品选型及关键技术参数。本项评价分值为 5 分,未体现装配式装修相关内容或未明确部品选型及关键技术参数不得分。

2. 集成设计与部品选型

装配式装修应结合项目需求、建筑条件与成本要求等,对隔墙与墙面系统、吊顶系统、楼地面系统、集成厨房系统、集成卫生间系统、收纳系统、内门窗系统、设备和管线系统进行集成设计与部品选型,并提供平面图、立面图、剖面图、排版图、装配工艺节点大样图及能满足加工生产和现场安装的部品尺寸、规格、颜色、材质等清单。上述任意一项系统进行集成设计与部品选型,并提供能满足加工生产和现场安装的部品清单得 0.5 分,居住建筑本项评价分值为 4 分,公共建筑本项评价分值为 3 分。

3. 标准化设计

装配式装修应满足标准化设计要求,标准化部品应选用吊顶、墙面、地面中各自使用面积最大的饰面材料作为计算单元,分别按下式计算标准化部品的应用比例:

$$q_{1a} = \frac{A_{1a}}{A_a} \times 100\% \tag{15-2}$$

$$q_{1b} = \frac{A_{1b}}{A_b} \times 100\% \tag{15-3}$$

$$q_{1c} = \frac{A_{1c}}{A_c} \times 100\% \tag{15-4}$$

式中:q_{1a}——吊顶部品标准化应用比例;

A_{1a}——吊顶使用面积最大的饰面材料中同一规格部品的面积(m²);

A_a——吊顶使用面积最大的饰面材料的面积(m²);

q_{1b}——墙面部品标准化应用比例;

A_{1b}——墙面使用面积最大的饰面材料中同一规格部品的面积(m²);

A_b——墙面使用面积最大的饰面材料的面积(m²);

q_{1c}——地面部品标准化应用比例;

A_{1c}——地面使用面积最大的饰面材料中同一规格部品的面积(m²);

A_c——地面使用面积最大的饰面材料的面积(m²)。

15.2.2 材料

1. 绿色建材

民用建筑装配式装修中绿色建材的应用比例应按下式计算:

$$q_{2a} = \frac{R_{a1} + R_{a2} + \cdots + R_{an}}{n} \times 100\% \tag{15-5}$$

式中：q_{2a}——绿色建材应用比例；

n——项目中应用的"绿色建材"种类数，$n \geqslant 10$；

R_a——绿色建材种类中，该类建材使用"绿色建材"的用量占该类建材总用量的百分比，$R_{a1} \sim R_{an}$ 均 $\geqslant 60\%$。

2. 废弃材料再利用

废弃材料再利用的应用比例应按下式计算：

$$q_{2b} = \frac{R_{b1} + R_{b2} + \cdots + R_{bn'}}{n'} \times 100\% \tag{15-6}$$

式中：q_{2b}——废弃材料再利用应用比例；

n'——项目中应用"废弃材料再利用"的建材种类数，$n' \geqslant 2$；

R_b——废弃材料再利用种类中，该类建材使用"废弃材料再利用"的用量占该类建材总用量的百分比。

15.2.3 工艺

1. 装配式隔墙

装配式隔墙应满足工厂生产、现场采用干式工法施工的要求，其应用比例按下式计算：

$$q_{3a} = \frac{A_{3a}}{A_a} \times 100\% \tag{15-7}$$

式中：q_{3a}——装配式隔墙的应用比例；

A_{3a}——各楼层非承重隔墙采用装配式隔墙的墙面面积之和（m^2），计算时可不扣除门、窗及预留洞口等的面积；

A_a——各楼层非承重隔墙的墙面面积之和（m^2），计算时可不扣除门、窗及预留洞口等的面积。

2. 装配式墙面

装配式墙面应满足工厂生产、现场采用干式工法施工的要求，其应用比例应按下式计算：

$$q_{3b} = \frac{A_{3b}}{A_b} \times 100\% \tag{15-8}$$

式中：q_{3b}——装配式墙面的应用比例；

A_{3b}——各楼层采用装配式墙面的面积之和（m^2），计算时不包括厨房、卫生间的墙面面积，可不扣除门、窗及预留洞口等的面积；

A_b——各楼层内墙面的面积之和（m^2），计算时不包括厨房、卫生间的墙面面积，可不扣除门、窗及预留洞口等的面积。

墙面现场采用薄贴工艺且基层为免找平时，该项评分值应乘以折减系数 0.6。

3. 装配式吊顶

装配式吊顶应满足工厂生产、现场采用干式工法施工的要求，其应用比例应按下式计算：

$$q_{3c}=\frac{A_{3c}}{A_c}\times100\% \tag{15-9}$$

式中：q_{3c}——装配式吊顶的应用比例；

A_{3c}——各楼层装配式吊顶（吊顶采用刮腻子乳胶漆饰面工艺的不认作装配式吊顶）的水平投影面积之和（m^2），计算时扣除厨房、卫生间吊顶面积；

A_c——各楼层吊顶的水平投影之和（m^2），计算时扣除厨房、卫生间吊顶面积。

4. 装配式楼地面应用比例

装配式楼地面应满足工厂生产、现场采用干式工法施工的要求，其应用比例应按下式计算：

$$q_{3d}=\frac{A_{3d}}{A_d}\times100\% \tag{15-10}$$

式中：q_{3d}——装配式楼地面的应用比例；

A_{3d}——各楼层装配式楼地面的水平投影面积之和（m^2），计算时扣除厨房、卫生间、设备平台、楼梯、洞口、竖向结构、墙体等对应的楼地面面积；

A_d——各楼层楼地面水平投影面积之和（m^2），计算时扣除厨房、卫生间、设备平台、楼梯、洞口、竖向结构、墙体等对应的楼地面面积。

楼地面现场施工采用薄贴、灌缝等湿作业工艺时，楼地面的评分值应乘以折减系数 0.6。

5. 集成厨房应用比例

集成厨房应满足集成设计、工厂生产、现场采用干式工法施工的要求，橱柜、灶具、抽油烟机等厨房设备应全部安装到位且满足功能需求，其应用比例应按下式计算：

$$q_{3e}=\frac{A_{3e}}{A_e}\times100\% \tag{15-11}$$

式中：q_{3e}——集成厨房的应用比例；

A_{3e}——各楼层集成厨房采用装配式墙面、装配式吊顶和装配式楼地面的面积之和（m^2）；

A_e——各楼层厨房的墙面面积、顶面水平投影面积和地面面积的总和（m^2）。

6. 集成卫生间应用比例

集成卫生间应满足集成设计、工厂生产、现场采用干式工法施工的要求，各个装饰面应全部完成，卫浴柜、洗手盆及龙头、花洒、洁具设备等卫生间设备应全部安装到位且满足功能需求，其应用比例应按下式计算：

$$q_{3f}=\frac{A_{3f}}{A_f}\times100\% \tag{15-12}$$

式中：q_{3f}——集成卫生间的应用比例；

A_{3f}——各楼层集成卫生间采用装配式墙面、装配式吊顶和装配式楼地面的面积之和（m^2）；

A_f——各楼层卫生间的墙面面积、顶面的水平投影面积和地面面积的总和（m^2）。

7. 收纳评价

收纳评价应符合下列规定：

（1）配置玄关柜、衣柜时，可得 1 分。

（2）门墙柜一体化应用时，可得 1 分。

8. 内门窗评价

内门窗评价应符合下列规定：

（1）选用成套供应的门窗部品时，可得 1 分。

（2）内门窗系统的隔声性能≥35dB、部品的不燃性等级达到 A 级时，可得 1 分。

9. 管线分离应用比例

管线分离的应用比例应根据给排水管、电气管线、通风和供暖管分别进行计算。

（1）给排水管与主体结构分离的应用比例应按下式计算：

$$q_{3g}=\frac{L_{3g}}{L_g}\times 100\% \tag{15-13}$$

式中：q_{3g}——给排水管与主体结构分离的应用比例；

L_{3g}——各楼层给排水管与主体结构分离的长度之和（m），计算时应扣除管道井道内的给排水管长度；

L_g——各楼层给排水管长度之和（m），计算时应扣除管道井道内的给排水管长度。

（2）电气管线与主体结构分离的应用比例应按下式计算：

$$q_{3h}=\frac{L_{3h}}{L_h}\times 100\% \tag{15-14}$$

式中：q_{3h}——电气管线与主体结构分离的应用比例；

L_{3h}——各楼层电气管线与主体结构分离的长度之和（m），计算时应扣除管道井道内的电气管线长度；

L_h——各楼层电气管线长度之和（m），计算时应扣除管道井道内的电气管线长度。

（3）通风和供暖管线与主体结构分离的应用比例应按下式计算：

$$q_{3i}=\frac{L_{3i}}{L_i}\times 100\% \tag{15-15}$$

式中：q_{3i}——通风和供暖管线与主体结构分离的应用比例；

L_{3i}——各楼层通风和供暖管线与主体结构分离的长度之和（m），计算时应扣除管道井道内的通风和供暖管线长度；

L_i——各楼层通风和供暖管线长度之和（m），计算时应扣除管道井道内的通风和供暖管线长度。

10. 可逆安装应用比例

可逆安装应满足拆卸、更换及安装时不对部品产生破坏性影响的要求，可逆安装的应用比例应根据吊顶、墙面、地面的饰面材料分别进行计算。

（1）吊顶饰面材料可逆安装的应用比例应按下式计算：

$$q_{3j}=\frac{A_{3j}}{A_j}\times 100\% \tag{15-16}$$

式中：q_{3j}——吊顶饰面材料可逆安装的应用比例；

A_{3j}——各楼层吊顶饰面材料实现可逆安装的应用面积（m^2）；

A_j——各楼层吊顶的水平投影之和（m^2）。

（2）墙面饰面材料可逆安装的应用比例应按下式计算：

$$q_{3k}=\frac{A_{3k}}{A_k}\times100\% \tag{15-17}$$

式中：q_{3k}——墙面饰面材料可逆安装的应用比例；

A_{3k}——各楼层墙面饰面材料实现可逆安装的应用面积（m^2）；

A_k——各楼层墙面的面积之和（m^2）。

（3）楼地面饰面材料可逆安装的应用比例应按下式计算：

$$q_{3l}=\frac{A_{3l}}{A_l}\times100\% \tag{15-18}$$

式中：q_{3l}——楼地面饰面材料可逆安装的应用比例；

A_{3l}——各楼层楼地面饰面材料实现可逆安装的应用面积（m^2）；

A_l——各楼层楼地面水平投影面积之和（m^2）。

15.2.4 智能化与信息化

1. BIM 技术应用评价

在装配式装修设计、生产加工和施工阶段使用 BIM 技术，BIM 模型符合《建筑信息模型设计交付标准》（GB/T 51301）要求并形成相关技术方案时，BIM 技术应用的评价分值应按下列规定计算：

（1）BIM 模型与设计图纸一致时，得 1 分；

（2）BIM 模型与现场一致时，得 1 分。

2. 可追溯性管理系统评价

可追溯管理系统的评价分值应按下列规定计算：

（1）生产厂家建立生产信息化管理系统，能提供生产信息化系统使用说明与管理方案、产品编码方案和编码物料清单时，得 1 分；

（2）施工单位能提供基于产品编码物料清单的安装方案、进场材料验收记录和隐蔽工程验收记录时，得 1 分。

3. 智能建造设备应用评价

智能建造设备应用包括但不限于墙板安装机器人、喷涂机器人、3D 扫描仪、放线机器人等。单项工艺应用智能化建造机器人完成工程量比例达到 50% 得 1 分，最多不超过 2 分。

4. 全屋智能应用评价

全屋智能应用包括智慧交互系统、安防系统、照明智控系统等，每应用一个系统得 1 分，最多不超过 2 分。

15.2.5 室内环境

1. 装饰装修选材评价

装饰装修选材应按照《室内绿色装饰装修选材评价体系》（GB/T 39126）的规定进

行评价，并应按下列规定计算评价分值：

(1) 当室内装饰装修选材评价等级为三星级时，可得 1 分；
(2) 当室内装饰装修选材评价等级为二星级时，可得 2 分；
(3) 当室内装饰装修选材评价等级为一星级时，可得 3 分。

2. 室内环境质量评价

室内环境质量的评价应符合下列规定：

(1) 按照《民用建筑工程室内环境污染控制标准》（GB 50325）规定对室内环境污染物浓度进行检测且结果合格的，得 1 分；
(2) 根据室内环境污染物浓度检测结果，氡、甲醛、氨、苯、甲苯、二甲苯六种污染物中一种污染物的检测值低于《建筑环境通用规范》（GB 55016）规定的浓度限值的 80% 时，可得 0.5 分，满分 3 分。

15.3 评价等级

装配式装修满足下列要求时，可进行装配式装修系统评价：

(1) 评价项目有最低分值要求的，评价得分不应低于要求的最低分值；
(2) 技术总评分不应低于 60 分；
(3) 室内装修应达到全装修标准。

装配式装修系统评价等级应划分为基本级、一星级、二星级、三星级，并应符合下列规定：

(1) 装配式装修技术总评分大于等于 60 且小于 70 时，评价为基本级装配式装修；
(2) 装配式装修技术总评分大于等于 70 且小于 80 时，评价为一星级装配式装修；
(3) 装配式装修技术总评分大于等于 80 且小于 90 时，评价为二星级装配式装修；
(4) 装配式装修技术总评分大于等于 90 时，评价为三星级装配式装修。

第 16 章 使用维护

装配式装修的全套施工图纸应在相关管理运营机构或物业机构进行备份，为后期维护、更新提供条件。建设单位应提供包括装配式装修工程专项在内的《房屋建筑质量保证书》和《建筑使用说明书》。《房屋建筑质量保证书》的内容应注明相关装修部品质量保修范围、保修期限、保修责任、保修承诺、报修及处理要求。《建筑使用说明书》中装配式装修工程专项的户内部分应包括下列内容：

（1）装修使用注意事项，二次装修、改造的注意事项，并应包含被允许及被禁止的事项。

（2）主要内装部品的做法、寿命、使用说明等，并应提供构造做法简图。

（3）设备与管线的组成、材料特性及规格、部品的使用寿命、使用说明等，并宜提供主要部件的安装简图。

（4）内装部品、设备与管线的日常检查维护方法，主要部品的日常检查内容和要求应符合表 16-1 的规定。

表 16-1　日常检查对象、检查方法和具体要求

序号	检查对象	检查方法	具体要求
1	装配式隔墙	目测、手扳	平整、无松动、无色差、无翘角等
2	装配式墙面	目测、手扳	平整、无松动、无色差、无翘角等
3	装配式吊顶	目测、手扳	平整、无下坠、无松动等
4	装配式楼地面	目测、手扳、脚踏	平整、无松动、无鼓泡、无翘角等
5	集成厨房设备与管线	目测、手扳	无松动、无渗漏等
6	集成卫生间设备与管线	目测、手扳	无松动、无渗漏等
7	电气设备	目测、仪器检查	无松动、无漏电等
8	其他部品	目测、手扳	无松动、无破损等
9	接口和细部	目测、手扳	无松动、无破损等

装配式装修工程日常检查维护、维修更换，应以不破坏部品完好性、系统性为原则。日常维护完成后应对维护项目进行登记，明确施工记录及部品质量情况，便于后期维护时进行比对，及时排除隐患。主要装修部品维护技术措施应符合表 16-2 的规定。装配式装修工程使用维护宜采用信息化手段，建立内装部品、设备与管线使用维护数据库，便于系统规范管理，并保证使用维护的有效性及时效性。

表 16-2 装修部品维护技术措施

序号	维护对象	存在问题	技术措施
1	装配式隔墙和墙面	松动	加固、维修
		开裂、空鼓	维修或更换
		翘曲	更换
2	装配式吊顶	下坠	加固、维修
		鼓包、翘曲	维修或更换
3	装配式楼地面	松动	紧固连接件
		鼓包、翘曲	维修或更换
4	集成厨房设备与管线	松动、渗漏	维修或更换
5	集成卫生间设备与管线	松动、渗漏	维修或更换
6	电气设备	松动	加固或维修
		破损	维修或更换
7	其他部品	松动	加固或维修
		破损	维修或更换
8	接口和细部	松动	加固或维修
		破损	更换